작가의 고유의 글맛을 살리기 위해
한글 맞춤법에 맞지 않는
일부 표현을 수정하지 않았습니다

영어책 읽기로 수능 만점 갑시다

영어책 읽기로 수능 만점 갑시다

초판 1쇄 발행 | 2024년 10월 2일

지은이 | 엘렌쌤
펴낸이 | 김지연
펴낸곳 | 마음세상

주소 | 경기도 파주시 한빛로 70 515-501

출판등록 | 제406-2011-000024호 (2011년 3월 7일)

ISBN | 979-11-5636-578-5(03590)

ⓒ엘렌쌤

원고투고 | maumsesang2@nate.com

* 값 17,200원

영어책 읽기로 수능 만점 갑시다

엘렌쌤 지음

마음세상

우리 아이 영어, 쉽게 갑시다

영어도서관에서 학부모 상담을 하다 보면, 다양한 직업군을 가진 학부모들을 만날 수 있습니다. 해외 명문대를 나오기도 하고, 어려운 시험을 통과해야만 하는 전문직에 종사하는 분들도 계십니다. 하지만 저를 찾아올 때는 단 하나의 목적을 가지고 옵니다. 바로, '어떻게 하면 자녀의 영어성적을 올릴 수 있을까?'라는 과제를 해결하기 위해서입니다. 모두 "저는 제가 아이 영어 때문에 이렇게 고민을 하게 될 줄은 몰랐어요."라고 말합니다.

영어도서관에서 10여 년 아이들을 가르치고, 학부모 상담을 해온 저 역시도 딸을 가진 순간부터 영어 학습에 대한 고민을 시작하게 되었습니다. 학부모들을 만날 때는 이제까지의 경험과 노하우로 자신감과 확신에 가득 찬 상담을 진행했지만, 막상 내 아이의 문제가 될 때는 제가 상담한 내용대로 되지 않았습니다. 아직 태어나지도 않은 아기의 영어를 걱정하며 네이버 카페에도 가입하고, 혹시 모를 국제학교 입학 영상도 구상하며, 홀로 열심히 입학지원서를 썼다가 지웠다가를 반복하였습니다. 또한, 사교육은 어떻게 해야 하는지, 예산을 얼마나 잡으면 좋은지, 학비는 얼마인지를 열심히 인터넷을 뒤적거리며 조사하고 또 조사하였습니다. 그러다가 현타가 왔습니다. 10년을 넘게 아이들에게 영어를 가르친 나 역시도 어쩔 수 없는 보통의 엄마들과 다를 바 없다는 생각이 들었습니다.

대한민국 땅에서 태어난 이상, 우리는 영어에서 벗어날 수 없습니다. 공교육과 사교육을 통하여 열심히 영어를 공부하지만, 영어는 결코 정복할 수 없는 산처럼 우리 마음속에 늘 숙제로 남아 있습니다. 그래서일까요? 영어 때문에 저를 찾아오는 많은 학부모와 아이들은 영어를 너무 어렵게 느낍니다. 아무리 노력해도 절대 풀지 못하는 숙제처럼 말입니다.

저는 어려서부터 영어에 관심을 가질 수밖에 없는 환경에서 성장하였습니다. 제 어머니는 대학에서 영문학을 전공하였고 공무원으로서 직장 생활을 하면서 항상 토익과 회화 등 영어정복을 위해 큰 노력을 하였습니다. 저 역시 영어를 잘하기 위하여 나름 노력하였지만, 실력은 늘지 않았습니다. 그러다가 우연히 찾아온 기회로 미국 유학을 떠나게 되었고, 미국에서 공부하면서 그때까지 느껴보지 못한 영어공부의 즐거움을 맛보게 되었습니다. 그래서 어머니의 반대에도 불구하고 영문학을 전공하였고 많은 영문학 서적을 탐독하였습니다. 그 과정에서 한국인의 영어 학습 문제점과 그에 따른 해결에 관한 많은 고민을 하였고, 아이들을 어려서부터 제대로 영어를 가르치면 헛수고하지 않고 오히려 쉽게 영어를 잘할 수 있다고 확신하게 되었습니다.

우리는 시험을 위한 영어공부를 하고 그 점수로 평가받기에 영어가 언어라는 사실을 잊어버립니다. 하지만 영어의 본질은 언어이며, 소통입니다. 우리가 언어를 배우는 가장 큰 목적은 바로 세상과 소통을 하기 위해서입니다. 저 역시 영어를 통하여 더 큰 세상을 마주하면서부터 영어가 즐거워졌습니다. 언제나 숫자로만 평가받던 영어에서 벗어나 제가 항상 동경하던 세상과 소통하도록 연결해주는 도구가 되니, 더 알아가고 싶어졌습니다.

저는 저의 이러한 성장 과정에서 얻은 경험을 바탕으로 영어도서관에서 아이들을 만납니다. 아이들의 마음속 이야기를 들어주고 공감해줍니다. 저 역시 오랜 시간 영어와 씨름하며 성장하였고, 사춘기를 겪고 정체성 혼란의 시기도 이겨내야만 했기에 아이들을 보면 제 어린 시절이 생각나 저절로 그들을 이해하는 마음이 생겨나고, 한편으로는 짠하기도 하면서 귀여운 그들이 사랑스럽기도 합니다. 아이들을 통해 그때 그 시절 나를 보는 기분이 듭니다. 잘하고 싶지만 잘되지 않던 성장의 시간을 보냈던 저는 아이들과 함께 힘을 내며 성장합니다. 저는 아이들이 자유롭게 자기 생각과 꿈을 말하도록 판을 깔아줍니다. 그러면 아이들은 그 위에서 자기 생각과 영어를 키워나갑니다.

수년간 아이들을 만나면서 깨달은 사실은 영어가 어렵지 않다는 것입니다. 단지 영어를 대하는 우리 마음이 어려운 것입니다. 영어와 가까워지고 싶은 마음은 굴뚝같지만, 영어를 배울 때 힘들었던 학부모의 기억이 내 아이의 영어까지 힘들게 만듭니다. 아이들에게 영어를 가르치면서, 그리고 제가 영어를 공부하면서 깨달은 사실은 영어가 학부모들이나 아이들이 생각하는 것만큼 어렵지 않다는 것입니다. 한국어를 유창하게 한다면, 영어를 못 할 이유가 없습니다. 다만 우리는 이제껏 우리를 힘들게 했던 영어공부 방식에서 벗어나지 못한 채, 아이들을 잘못되고 어려운 영어의 길로 인도하고 있습니다. 이제 비교와 평가로 억눌린 영어에서 벗어나 더욱 쉽고 재미있는 영어, 그리고 새로운 세상을 만나도록 이끌어주는 영어를 시작합시다.

우리 아이 영어

엘렌쌤,

부탁해요!

프롤로그_우리 아이 영어, 쉽게 갑시다 • 6

Chapter 1
영어가 왜 어렵다고 생각될까요?

선생님, 영어가 제일 어려워요 • 18

고쳐지지 않는 잘못된 영어 교육 방식이 영어를 어렵게 합니다 • 23

정답을 찾으려 하지 마세요 • 26

영어 점수가 영어 실력이 아닙니다 • 30

아이들의 영어 교육을 방해하는 요인들 • 34

영어책 읽기를 잘하면 수능이 쉬워집니다 • 42

영어는 의지가 아닌 환경입니다 • 49

모든 학습의 자신감은 영어에서 나옵니다 • 53

결국, 꾸준함입니다 • 57

아무리 힘들어도 우리는 영어를 포기할 수 없습니다 • 62

Chapter 2
영어 듣기와 말하기는 초등학교 1학년에 시작하세요

영어는 언제 시작하는 것이 제일 좋은가요? · 67

영어유치원은 꼭 다녀야 하나요? · 70

원어민 교사는 꼭 필요한가요? · 80

어디 사는지가 정말 중요한가요? · 86

한국 사람들이 오해하는 '영어 잘하는 사람'이란? · 90

영어를 망치는 잘못된 영어 상식 · 94

우리 아이가 너무 산만해요 · 98

영어를 잘하기 위해서 회복탄력성은 필수입니다 · 106

자존감이 높아야 다음 단계로 갈 수 있습니다 · 113

결국, 자기효능감이 영어 실력을 올려줍니다 · 118

어제의 나, 오늘의 나, 그리고 내일의 나 · 124

매일, 매일, 조금씩 · 129

하나를 알아도 정확하게 · 135

국어책을 매일, 꾸준히, 많이 읽도록 해주세요 · 138

공부의 힘은 아귀에서 나옵니다 · 143

Chapter 3

영어 읽기는 초등학교 2학년에 시작하셔도 좋습니다

영어를 시작하기에 제일 좋은 시기입니다 · 148

언어 체계가 잡혀야 영어가 쉬워집니다 · 154

영어유치원 이후가 더 중요합니다 · 158

엄마표 영어는 하지 않아도 괜찮습니다 · 162

수능 영어 만점은 식은 죽 먹기입니다 · 168

칭찬, 그리고 천천히 · 174

파닉스는 2주 이상 하지 마세요 · 176

단어를 안 외워야 영어를 잘할 수 있습니다 · 181

한국어로 해석해도 아이는 그 뜻을 모릅니다 · 185

읽으면 꼭 요약하도록 도와주세요 · 189

Chapter 4
영어 쓰기는 초등학교 4학년에 본격적으로 시작하세요

내신영어 따로 하지 마세요 · 194

문법에 집착하는 순간, 영어와 멀어집니다 · 197

어른인가요? 아뇨, 초등학생입니다 · 203

외국어를 받아들일 준비가 되어있는 아이들 · 207

영어, 나를 표현하는 능력을 키워야 합니다 · 212

영작이 막연하다면 필사부터 해보세요 · 216

책 읽기, 왜 성과를 내지 못할까요? · 221

Chapter 5
영어책 읽기는 중학교에서도 놓치지 마세요

학원을 너무 믿지 마세요 · 229

대치동 학원에 다니는 아이들은 왜 영어를 잘할까요? · 236

영어 학원 보내는 학부모들, 자기 위안하면 안 됩니다 · 240

많이 외우고 많이 잊어버리기를 반복하면 할수록 잘합니다 · 244

아는 문장이 많을수록 문법은 쉬워집니다 · 246

결국은 문해력입니다 · 250

에필로그 · 255

Chapter 1

영어가 왜 어렵다고
생각될까요?

선생님, 영어가 제일 어려워요

우리는 왜 영어를 어렵다고 느끼는지에 관한 고민을 한동안 했었습니다. 사실 저는 영어공부를 그렇게 잘하는 편이 아니었습니다. 중학교 영어 듣기평가에서 80점이 넘은 적이 없었습니다. 학교 시험은 교과서를 정확하게 외우면 어렵지 않게 치를 수 있었기에 성적은 괜찮았지만, 외워서 준비할 수 없는 영어 듣기는 언제나 제 자존감을 깎아 먹었습니다. 수학은 기본개념만 정확하게 이해한다면 문제를 풀어나가는 것이 어렵지 않았지만, 영어는 아무리 단어를 외우고 문법을 열심히 공부한 후 문제 풀이를 하여도 문장들은 볼 때마다 새로웠습니다. 그리고 그 새로움은 제게 극복할 수 없는 어려움으로 다가왔고, 영어와 점점 멀어지는 계기가 되었습니다.

1) 단어와 뜻만 외우면 영어가 어려워집니다

고등학교 1학년 때였습니다. 당시 토플 독해문제집으로 공부하며 모르는 단어에 밑줄을 그었습니다. 큰 생각 없이 본문을 읽어 가면서 저는 mountain(산)이라는 단어에 밑줄을 그었습니다. 분명 아는 단어였고 너무 쉽다고 생각했던 기초 영어 단어였지만, 문장을 읽어 가는 순간 그 쉬운 단어의 뜻이 기억나지 않았습니다. mountain의 발음과 뜻 모두 여러 번 암기하고 시험도 치며 공부하였지만, 막상 문장 속에서의 mountain의 의미를 자연스럽게 이해하고 알지는 못했습니다. 저는 알 수 없는 자괴감에 빠졌습니다. 뒤에 자세히 말씀드리겠지만 이것이 영어 단어만 문장 밖에서 따로 열심히 공부한 결과라고 저는 생각합니다. 영어를 어렵게 만드는 큰 요인 중에 하나라고 볼 수 있습니다.

2) 아이들의 비교의식이 영어를 어렵게 만듭니다

아이의 영어 실력대로 반이 나뉘는 영어 학원과 달리, 영어도서관에 있으면 정말 다양한 아이들을 만날 수 있습니다. 초등학생이지만 군이 내신학원에 다니지 않아도 괜찮을 정도의 영어 실력을 갖춘 아이에서부터 고학년이지만 쉬운 단어들조차 제대로 읽지 못하는 아이까지 영어 실력은 천차만별입니다. 재미있는 것은 영어 학원에서 높은 반에 있다고 하여 영어를 잘하는 것도 영어 학원에 다니지 않는다고 해서 영어를 못하는 것도 아니었습니다. 하지만 모두에게 공통점이 있다면 영어에 대한 어려움을 가지고 있다는 사실입니다. 잘하는 아이는 잘하는 아이대로, 못하는 아이는 못 하는 아이대로, 모두 영어를 어려워합니다.

아이들을 가르치면서 제일 중요하게 가르치는 것이 하나 있습니다. 영어도서관 밖에서는 어떤 행동과 말을 하는지 알 수 없지만, 제 앞에서와 제가 있는 영어도서관 안에서는 절대 '비교'하는 말을 하면 안 됩니다. 아이들은 타인과 비교하면서 자신의 위치를 확인합니다. 그렇다 보니 아이들은 옆 친구의 실력에 매우 관심이 많습니다. 자신보다 잘하면 부러움의 눈길을 보내지만 자신보다 못하는 아이들 앞에서는 꼭 얄미운 말 한마디를 던집니다.

"완전 쉽겠다. 나도 저거 하고 싶다."
비교는 비참과 교만의 약어라고 합니다. 비교를 통해 아이들은 비참해지기도 하고 교만해지기도 합니다. 아이들에게 정말 쉬운 단계를 하겠냐고 물어보면 결단코 하지 않겠다고 하지만, 아이들은 자신보다 영어를 못하는 아이 앞에서 저 말을 함으로써 자신이 영어를 더 잘한다는 사실을 확인하고 싶어 합니다.

정말 잘하는 아이는 옆 아이에게 큰 관심이 없습니다. 그냥 자신이 읽어야 할 책, 자신이 써 내려가야 하는 에세이 주제에 관한 생각뿐입니다. 영어는 남과 비교를 통해 내가 잘하는지, 못하는지 알 수 없습니다. 영어는 오직 자신의 마음이 뿌듯할 때, 그때 잘하고 있는 것입니다. 영어공부를 계속하다 보면 알 수 없는 자신감과 확신에 차오를 때가 있습니다. 그리고 그 기세로 꾸준히 영어를 해나가는 것만이 정답입니다.

3) 학부모들의 조급한 마음이 영어를 어렵게 만듭니다

초등 저학년 학부모들은 종종 이런 말을 합니다. 중학교 올라가면 영어 공부할 시간이 없으므로 초등학교 저학년 때 최대한 영어를 완성하여 중학교에 진학해야 한다고 말입니다. 초등학교 때, 다양한 아동문학을 영어로 읽히는 것은 매우 좋다고 생각하지만, 아이들 교육에 '완성'이라는 것은 없습니다.

영어는 완성해야 하는 숙제가 아닙니다. 우리는 영어를 내신과 수능을 위하여 최대한 빨리 완성해야 하는 숙제로 생각하기 때문에 조급하고 어렵게 느낍니다. 영어는 우리 아이의 삶을 윤택하게 만들어 줄 도구입니다. 평생 갈고 닦아야 하지만, 사용할 때마다 성취감과 깨달음을 느끼게 도와주는 도구입니다. 결국, 어릴 때 학원에서 영어 점수가 높다는 사실이 중요한 것이 아니라, 대입 수능이나 성인이 되어 실제 영어를 사용해야 하는 현장에서 실력을 발휘할 수 있도록 긴 안목을 가지고 교육하는 게 매우 중요합니다. 그렇게 하기 위해서는 무엇보다 여유를 가지고 차곡차곡 실력을 쌓아 나간다는 마음이 필요합니다. 아이들이 들고 오는 점수로 압박하면 절대 안 됩니다. 아이들은 부담 없이 영어를 배우고 작은 성장에도 성취감을 느껴야만 장기간 진행되는 영어공부에도 싫증을 느끼지 않고 해낼 수 있게 됩니다.

고쳐지지 않는 잘못된 영어 교육 방식이
영어를 어렵게 합니다

저는 다양한 학부모를 상담하면서, '왜 우리는 영어를 반복하여 실패할까?' 하는 고민을 하였습니다. 그 이유는 "너무 성실하고 착한 한국인"이라는 특성에서 찾을 수 있었습니다. 세계적으로 불황이 올 때, 흥미로운 현상을 보게 됩니다. 서양 국가에서는 개인이 마주한 어려움에 대하여 시위를 하며 국가에 해결책을 요구하지만, 한국인들은 자신의 능력을 탓하며 밤낮없이 노력하여 극복하기 위해 더욱 힘씁니다. 제가 미국에 있을 당시, 대학교 학비가 천정부지로 치솟았습니다. 대학을 다니기 위하여 학비만 연간 1억이 드는 곳이 생겨나기 시작하면서 미국 대학생들은 시위에 나섰습니다. 비슷한 시기, 한국에서도 대학교 학비가 비싸지면서 학자금 대출이 신문에 오르락내리락하였습니다. 하지만 한국 대학생들은 미국과 달리 각자 개인이 해결하기 위하여 노력하였습니다. 전쟁터에서 다시 일어난 민족이라 그런지, 우리는 우리의 힘으로 해결하려는 의지가 강합니다. 그리고 제도가 잘못되어 실패한다고 하더라도 제도를 탓하는 것이 아니라 열심히 하지 않은 자신을 탓합니다. 스스로 문제를 해결하기 위해 적극적으로 나섰기 때문에 우리는 지금의 경제 성장을 이룰 수 있었을 것입니다.

영어도 비슷합니다. 사실 현재 한국 공교육에서 진행되는 영어 교육 방식은 원래 한국인의 방식이 아닌 일제강점기 시절 넘어온 일본 잔재입니다. 외국 선교사로부터 영어를 직접 배우며 정확한 발음을 연습하던 조선 시대와 달리, 정리된 문법과 단어를 먼저 공부하여 적용하는 일본식 영어공부법이 한국 교육에 남게 되면서 아직 한국인에게 영어를 어려운 과제로 만들고 있습니다. 방법이 잘못되었음에도 성실이 미덕인 우리나라 사람들은 "내가 열심히 영어공부를 하지 않았기 때문에" 영어가 유창하지 못한다고 믿으며, 자녀에게는 더욱 성실하게 영어공부를 하도록 가르칩니다. 너무 안타까운 사실은 잘못된 방법으로 영어공부를 하다 보니, 점점 영어는 더 어려워지고 멀어지게 됩니다. 그런 모습이 답답한 학부모에게도, 열심히 노력해도 노력한 만큼 성취감을 느끼지 못하는 아이에게도 영어는 너무 버거운 존재가 되어버립니다.

　우리는 실패를 반복하지 않기 위해, 한 번쯤은 의심해봐야 합니다. 과연 누군가에게는 너무나도 쉬운 영어가 나에게, 혹은 내 아이에게는 왜 어려울까? 라는 질문을 해보는 것입니다. 쳇바퀴 돌 듯 다니던 과외와 학원을 잠시 멈추고 아이와 진지하게 이야기를 나눠보는 것도 좋습니다. 영어가 어려웠던 것은 우리가 열심히 하지 않았기 때문이 아니라 잘못된 방법으로 접근했기 때문입니다.

정답을 찾으려 하지 마세요

정답을 쫓으면 아이들이 더 영어를 못하게 됩니다. 아이들이 영어를 배울 때 가장 머뭇거리도록 만드는 생각이 있습니다. 틀리면 안 된다는 두려움입니다. 아이들은 일상에서 자연스럽게 영어를 습득하는 것이 아니라 학원에서 강의를 듣고, 문제를 풀고, 평가를 받으면서 영어를 시작합니다. 영어를 할 때, 잘한다는 칭찬보다 많이 틀리지 않도록 교정하는 지적을 더 많이 듣습니다. 그렇기에 아이들은 자신이 틀릴까, 맞을까 걱정하면서 영어를 만나게 됩니다.

우리는 영어를 배울 때도, 가르칠 때도 잊어서는 안 되는 사실이 하나 있습니다. 영어에는 정답이 없습니다. 물론 오래전부터 서로 약속해서 지켜야만 하는 단어의 철자나 문법이 틀릴 수는 있습니다. 하지만 전 세계적으로 영어를 쓰는 인구가 3억 명이 넘는 미국에만 해도 지역마다 각자 다른 방언들이 존재합니다. 뉴욕 주에만 크게 5개가 넘는 방언이 존재하며, 서로 다른 억양과 스타일로 소통합니다. 영어의 가장 기본적인 목적은 결국 소통이기에, 상대가 이해하고 상대가 하고자 하는 이야기를 이해할 수 있으면 괜찮습니다.

사실 아이들과 말하기 수업을 할 때면, 선생님들에게 절대 교정을 하지 않도록 신신당부를 합니다. 아이가 말할 때마다 선생님이 교정을 위해 지적을 한다면, 아이는 자신이 무엇을 틀릴까 신경을 쓰다, 하고 싶은 말도 제대로 하지 못합니다. 심지어 할 수 있는 말도 못 하고 끝나는 경우가 생깁니다. 정답에 신경 쓰는 순간, 영어는 어쩔 수 없이 멀어지게 됩니다. 신기한 것은 아이들이 정답에 대하여 고민하지 않고 머리에 떠오르는 대로 뱉어내기만 하더라도 어느 순간 문장은 정확해집니다.

아이들이 꾸준히 읽고, 듣고, 말하고, 쓰는 동안 문장 체계가 정리되며 정확도가 높아지다 결국 정확한 문장을 편하고 유창하게 뱉게 됩니다. 처음부터 틀리지 않기 위해 온 신경을 곤두세우다 보면, 결국 자신이 잘할 수 있는 수많은 문장과 단어들은 사용해보지도 못한 채, 말하지 못한 한 문장으로 끙끙 앓게 됩니다.

간혹 단어에 대해서도 우리는 정답에 신경을 쓰다가 문맥에서 사용되는 표현을 놓치기도 합니다. Magic Tree House 시리즈의 첫 책인 Dinosaurs Before Dark라는 책을 보면 "a winding stream"이라는 표현이 나옵니다. 우리는 학교에서 wind는 바람이라고 배웁니다. 하지만 wind는 사실 '휘감다'라는 뜻으로도 정말 많이 쓰입니다. 그러나 단어를 열심히 외운 세대들은 'wind' 하면 무조건 '바람'이라고 생각하고 '휘감는다'라는 생각은 잘하지 않습니다. 마치 'wind'는 '바람'이 정답인 것처럼 느낍니다. 반면에 영어책을 많이 읽은 사람은 'wind'가 '휘감는다'라는 의미가 너무나 자연스럽고 당연하게 느껴질 것입니다. 문장을 해석할 때도 마치 정해진 답이 있고 그 외에는 다 틀린 것으로 생각하는 기성세대들도 많이 보았습니다. 이것 역시 영어에서 정답을 찾으려는 헛된 노력에 불과합니다.

영어와 한국어는 서로 다른 역사가 있습니다. 너무나 다른 문화권에 속하는 소통 도구입니다. 그렇기에 수학 공식처럼 일대일로 단어가 매칭되는 것이 아닙니다. 즉, 정확하게 하나 또는 몇 개의 의미와 단어가 서로 맞아떨어지지 않습니다. 종종 학부모들이 정확한 단어의 뜻을 요구할 때, 설명하는 단어가 있습니다. take는 무슨 뜻일까요? 사실 우리는 take라고 하면 "가져오다, 가져가다"를 생각할 수 있지만, 실제 단어장에는 25개 이상의 뜻이 존재하며 뒤에 어떤 전치사와 함께 쓰느냐에 따라 뜻이 전혀 다르게 바뀌기도 합니다. 결국, take의 뜻은 문장에서 어떻게 쓰였는지에 따라 바뀌게 되는 것입니다.

영어는 언어입니다. 언어는 매우 변화무쌍하며, 누가 어떻게 쓰느냐에 따라 다양한 의미와 뉘앙스로 사용될 수 있습니다. 우리는 아이들에게 다양한 모습의 영어를 알려줄 필요가 있습니다. 그래야만 아이들은 결코 정복될 수 없는 영어의 세계를 이해할 수 있고, 영어와 함께해야만 하는 긴 여정을 마음 편하게 나아갈 수 있습니다. 오히려 다양한 모습의 영어를 아이들은 더욱 매력적으로 느낄 수도 있습니다. 그리고 영어와 함께, 아이들의 생각 역시 정답에 갇히게 해서는 안 됩니다.

영어 점수가 영어 실력이 아닙니다

영어도서관 실장으로 첫 학부모 상담에 나섰던 순간이었습니다. 아직도 그 시간을 잊지 못합니다. 처음이었기에 모든 것이 다 서툴렀지만, 오직 잘 가르친다는 자신감 하나로 상담에 임하였기에 실수도 많이 했었습니다. 그 중 기억에 남는 아이가 한 명 있습니다. 가끔 상담하다가 공허한 시간이 찾아올 때면 그 학부모의 얼굴이 종종 떠오릅니다. 대형 학원에서도 최상위반이었던 자신의 아이를 두고, 제가 영어를 못한다며 쓴소리했을 때 당황하던 그 엄마의 표정이 기억납니다. 하지만 그 아이는 저와 꾸준히 영어책을 읽으면서 1년 6개월 만에 난도 있는 소설을 무리 없이 읽을 정도로 성장하였습니다.

사실 상담을 하다 보면, 가장 어려운 부분이 대형 학원에서 잘한다는 평가를 받는 아이의 실제 영어 실력을 학부모에게 솔직히 설명해야 하는 순간입니다. 영어를 잘하지 못하는 아이의 학부모는 어느 정도 예상을 하고 학원을 방문하지만, 영어를 잘한다고 줄곧 평가를 받아온 아이들의 경우는 조금 다릅니다. 아이의 영어 실력을 확인하기 위해 레벨테스트를 하기도 하지만, 다양한 관점에서 아이의 영어 실력을 객관적으로 바라보기 위해 레벨테스트를 진행하기도 합니다. 그리고 상담 중, 가장 힘든 경우는 대형 어학원에서 나름 잘한다는 평가를 받는 경우입니다. 문법 수업을 열심히 듣고 주어진 단어를 착실히 외워서 시험에서 좋은 결과를 내는 것과 실제 영어책을 읽거나 영어로 대화하는 등 실전 영어 실력과는 큰 차이가 있습니다.

보통 아이의 영어 교육에 대하여 고민하는 시기는 비슷하게 찾아옵니다. 7세에 한 번, 고학년 올라갈 때 한 번, 그리고 중학교 올라갈 때입니다. 7세 때에는 영어유치원을 지금이라도 보내야 하는지 말아야 하는지, 엄마표 영어로 접근해야 하는지, 대형 학원을 보낼지, 결국 어떻게 영어를 시작하고 실력을 다질 것인지에 대하여 고민합니다. 초등학교 저학년 때까지는 크게 조급하지 않습니다. 조금은 놀아도 괜찮다고 생각됩니다. 하지만 고학년이 올라가면 조급해지기 시작합니다. 옆 친구는 벌써 해리포터 시리즈를 다 읽었다고 하고, 다른 친구는 내신으로 유명한 대형 학원에서 가장 높은 반에 편성되어 매일 단어를 100개씩 외운다는 이야기를 들으면, 우리 아이만 뒤처지는 기분이 듭니다. 그러다 중학교 올라가, 본격적으로 내신영어를 하기 위해 레벨테스트를 받으면, 외면했던 현실이 코앞으로 다가옵니다. 너무 늦어버린 듯한 기분이 들 때, 엄마로서 후회와 함께 자책합니다. 조금 더 빨리 신경을 써야만 했는데, 하고 말입니다. 옆집에 사는 영희가 2학년 때, 해리포터 읽는다고 했을 때, 그 학원을 알아보고 다녔어야 했다며 하며 후회합니다.

많은 학부모가 숫자에 조급해하고, 숫자에 안심합니다. 하루에 단어를 10개 외운다고 하면 불안하지만, 하루에 단어를 100개 외운다고 하면 안심합니다. 만약 오늘 문법 시험에서 100점을 받았다고 하면 잘하고 있다고 안심하지만, 오늘 문법 시험에서 60점을 받았다고 하면 못 따라가는 것은 아닐까 걱정합니다. 제가 강동에서 아이들을 가르칠 때였습니다. 제가 운영하는 영어도서관에 마치 놀러 다니듯 등원하던 6학년 아이가 있었습니다. 아이가 중학교를 올라가기 전, 잠실에 있는 유명한 내신학원에 친구와 함께 레벨테스트를 하러 갔습니다. 함께 간 친구는 학원가에 있는 유명 어학원에서 1, 2등을 다투는 친구였습니다. 하지만 레벨테스트 이후, 진행한 상담에서 재미있는 사실을 들었습니다. 영어도서관에서 책만 읽었던 아이는 중등 영어 학원에 합격하였지만, 대형 어학원에서 열심히 영어를 공부했던 그 친구는 학원에 등록조차 할 수 없었습니다. 안타깝게 레벨이 나오지 않은 것이었습니다. 책을 읽었던 아이는 다시 마음을 다잡으며 더 열심히 읽고 실력 향상을 꾀하였지만, 친구는 방향성을 잃은 느낌이 었습니다. 1학년부터 열심히 영어공부를 하며, 최선을 다해 따라가 높은 점수와 잘한다는 칭찬을 받고 스스로 영어를 잘한다고 생각하였지만, 막상 레벨이 나오지 않아 상급 학원에는 등록조차 할 수 없었습니다.

우리는 영어공부를 할 때, 숫자가 주는 위로를 거부해야만 합니다. 아이들의 정확한 이해도를 확인하기 위해 온라인 시험을 진행합니다. 자신이 아무리 즐겁게 읽고 충분히 이해했다고 생각하더라도 퀴즈 결괴기 좋지 않으면 어렵고 재미가 없었던 책이 되어버립니다. 저는 항상 아이들에게 이야기하는 것이 있습니다. 최선을 다하여 열심히 시험에 임하되 많이 틀리라고 합니다. 그래야 제가 가르쳐줄 부분이 있으니까 말입니다. 아이들은 틀리면서 배웁니다. 틀린 것을 다시 한번 더 보면서 정확하게 새깁니다. 만약 정확하게 알지 못하지만 맞는다면 아이는 다시 배울 기회가 없을 수도 있습니다. 그렇기에 틀리고 점수가 낮아도 괜찮습니다. 아이의 영어는 숫자나 점수가 말해주지 않습니다. 아이들의 생각은 결코 점수로 매길 수 없듯 영어도 마찬가지입니다.

아이들의 영어 교육을 방해하는 요인들

영어는 한국어를 사용하는 우리나라 사람들에게는 해결해야 할 하나의 숙제처럼 되어버렸습니다. 영어를 잘하고 못하느냐에 따라 다양한 기회가 있느냐 없느냐로 판가름 나기 때문입니다. 그래서 모두 막대한 시간과 돈을 투자하지만, 생각처럼 녹녹하지 않습니다. 많은 책에서 영어를 잘하는 방법에 관하여 이야기하지만 정작 우리 아이에게 맞는 방법을 찾기란 쉽지 않습니다. 왜 그럴까요? 영어를 잘하기 위해서는 무작정 노력하기보다는 못하는 이유를 찾는 것이 정확하고 빠릅니다. 지금까지 영어 공부하면 단어, 문법, 그리고 독해였습니다. 하지만 그 순서가 틀렸습니다. 꼭 문법 강의를 듣고 문제를 풀어야 하는 것도 아니며, 하루에 단어를 5~60개를 외워야만 잘하게 되는 것도 아닙니다. 강도 높은 영어공부를 한답시고 어려운 단계의 구문을 읽고 해석한다고 하여 영어가 단기간에 잘하게 되는 것도 아닙니다. 제가 추천하는 방법은 너무나 간단합니다. 책 한 권이면 충분합니다. 그리고 매일 꾸준히 읽어 쌓이는 책 한 권이 10권이 되고, 100권이 되면 영어는 걱정거리가 되지 않습니다. 책을 읽으면 단어와 문법을 자연스럽게 이해해 나가기 때문입니다. 책을 읽어 단어와 문법도 배워나가는 과정을 거친다면 굳이 단어나 문법 때문에 힘들이지 않아도 됩니다.

그렇게 많은 돈과 시간을 들여도 성과가 잘 나지 않는 어려운 영어공부도 그만두고 더욱 쉽게 영어공부를 한다면 누구나 잘할 수 있다고 봅니다. 지금까지 우리가 해왔던 영어 학습방식에 몇 가지 오류를 지적하고자 합니다. 그 첫 번째는 영어에 대한 잘못된 인식입니다. 영어라고 하면 제일 먼저 떠오르는 것이 시험입니다. 학창시절 내내 영어 과목이라는 이름으로 대하던 영어는 시험을 위한 영어가 되어버린 것입니다. 영어의 본질에 대해 가르치거나 생각할 기회가 많이 없었던 것입니다. 즉, 우리는 영어공부를 한다고 하면 시험에서 높은 점수를 받아야 한다는 경직된 생각에 사로잡혀 있습니다. 대학 졸업 때까지, 그리고 취업 시험에서도 영어는 늘 시험으로 실력을 검증하고 평가받기 때문입니다. 그래서 늘 점수로 영어 실력을 판단합니다. 아쉽게도 시험은 실용적이거나 현장에서 유익하지 않습니다. 일선 교육 현장에서도 영어를 "잘"하는 아이와 영어를 "못"하는 아이로 단편적으로 나눕니다. 저는 아이들에게 영어를 "잘"하고, "못"하는 건 없다고 말해줍니다. 아무리 시험을 100점 받아도, 현실에서 제대로 사용하지 못한다면 영어를 "못"하는 것이 될 수 있고, 반대로 시험에서 낮은 점수를 받는다고 하여도 막상 외국인들과 소통하기에 큰 문제가 없다면 영어를 "잘"하는 것일 수도 있습니다. 영어는 언어이기에 어떤 기준과 목적으로 평가하는지에 따라 실력도 달라집니다.

아이들이 영어를 배울 때 자존감이 떨어지는 순간이 있습니다. 바로 점수가 나오는 순간입니다. 아무리 책을 재미있게 읽었다고 하더라도 퀴즈 점수가 좋지 않으면 순식간에 그 책은 어렵고 재미없어집니다. 상담을 진행하다 보면, 영어에 대한 학습 자존감이 떨어진 경우를 자주 볼 수 있습니다. 어학원에서는 하루 5~60개의 단어를 암기하여 시험을 치고, 통과하지 못하면 재시험을 치는 등, 아이들의 모든 학습을 "숫자"로 평가합니다.

한국에서 태어나면 한국어를 자연스럽게 듣고 말하면서 배우기 때문에 ADHD가 있어도, IQ가 낮아도, 모두 한국어를 할 수 있습니다.

물론 일정 수준 이상으로 향상하려면 학문적인 지식이 분명 필요합니다. 하지만 한국어를 배우는 것에는 지능이 크게 필요하지 않습니다. 영어도 마찬가지입니다. 미국 사람 중에 영어를 못하는 사람은 없습니다. 당연하다는 듯, 영어를 읽고 말하고 씁니다. 영어를 시험을 통해 자신의 수준을 평가받는 교과목이라는 생각을 버리고 세계인들과 소통하기 위한 언어라는 생각으로 접근하게 되면 부담을 내려놓을 수 있습니다.

영어를 잘하지 못하게 하는 두 번째 요인은 조급함입니다. 제가 아이들에게 영어를 가르치면서 깨달은 사실은 가르치는 사람의 인내만 있다면 영어는 누구나 다 잘할 수 있습니다. 안타깝게도 우리에게는 인내가 없어 영어가 어려울 뿐입니다. 제가 직접 육아를 하면서 깨달았습니다. 아이를 키우는 일에 있어 제일 필요한 건 인내이지만 우리는 인내하지 못한다는 사실입니다. 학원가에 있으면서 성장 속도가 빠르고 늦고는 크게 중요한 것이 아니라 결국 목적지에 도착하느냐, 마느냐가 중요하다는 것을 기억해야만 기나긴 여정에서 학부모와 아이를 모두 지킬 수 있다는 일이라는 사실을 깨닫게 되었습니다. 지금 당장 우리 아이가 뒤처지는 듯 보이면 부모의 마음은 조급해지기 시작합니다. 저 역시도 최근 조급함을 경험하게 되면서 큰 공감을 하게 되었습니다. 제 아이는 팔삭둥이로 세상에 태어났습니다. 배 속에 있을 때도 우량태아였기 때문에 다행히 몸무게와 키는 금방 또래를 따라잡았습니다. 아기를 데리고 외출을 할 때면, 교정 개월 수가 아닌 원래 개월 수로 이야기해도 어르신들이 아기가 크다며 놀랄 정도로 성장해주었습니다. 하지만 상대적으로 뒤집기와 같은 신체 발달 속도는 교정 개월 수대로 진행되었습니다. 그 시간 속에서 저는 아기가 뒤처지는 건 아닌지 얼마나 조급했던지 모릅니다. 11개월만 되어도 잘 걷고 뛰는 아기들을 보며 돌이 지나도 아직 걷지 못하는 아기를 보며 빨리 걸었으면 하는 마음에 계속 연습을 시키기도 하였습니다. 결국은 걷게 될 것이라는 사실을 알고 있지만 왜 그렇게 걱정되고 조급해지는지 알다가도 모를 감정이었습니다. 행여 우리 아이가 뒤처질까 노심초사하는 학부모의 마음도 이해하지만 그래도 아이들을 위해 자신의 감정을 잘 조절하고 인내해야 결실을 볼 수 있습니다.

영어를 가르칠 때 아이들을 지켜보면 아이가 자신의 것을 쌓아가는 순간에는 정말 실력이 늘지 않는 듯합니다. 언어는 아무리 향상된다고 하여도 크게 티가 나지 않습니다. 그렇기에 지금 가는 길이 맞는지, 틀린 지 가늠조차 할 수 없을 때가 있습니다. 아이가 이제 영어에 적응하여 실력을 쌓기 위한 토대를 만들어나가는 중이지만, 학부모는 조급한 마음에 옆집 엄마가 좋다는 학원으로 다시 옮기기 위하여 준비합니다. 학원을 자주 옮기게 되면 아이는 적응하느라 실력을 쌓을 시간을 빼앗기게 됩니다. 하지만 학부모는 학원만이 답이라고 생각하며 더 좋다는 학원을 찾기에 급급해집니다. 조금 시간을 두고 아이를 지켜보며 격려해주는 편이 좋습니다.

영어도서관에서 근무하면서 학부모의 욕심과 조급함이 영어 교육에 독이 된 사례를 볼 수 있었습니다. A라는 아이는 학원에서 적응하지 못하여 학원가를 돌다 영어도서관에 등록하였습니다. 일부 학부모들은 영어도서관이 일대일 수업을 진행하기에 그룹으로 수업이 진행되는 어학원보다 아이의 성향에 맞게 가르칠 것이라는 기대로 등록하기도 합니다. 유명 어학원에서는 받아주지 않아 여러 학원을 돌다가 오는 일도 있습니다. 당시 초등학교 1학년이었던 A도 그런 경우였습니다. A는 굉장히 책도 많이 읽고 말도 잘하는 아이였습니다. 하지만 모든 사람이 자신에게만 집중해주기를 원하는 성향이 강했기 때문에 일반 어학원의 그룹 수업을 따라갈 수 없었습니다. 선생님께서 수업을 진행하고 계시면 아이가 끊임없이 선생님을 부르거나 노래를 부르는 등의 행동을 하였고, 아이들은 자신들의 수업을 방해하는 A를 불편해하며 어울리지 않았습니다. 결국, 학원을 그만두고 영어도서관으로 저를 찾아왔습니다. 그리고 수업이 시작되었습니다.

아이는 굉장히 영리하였습니다. 자신이 원하는 대로 선생님을 움직이고자 하는 마음이 강하였기에 자신이 원하는 대로 진행이 되지 않으면 선생님 말씀을 못 들은 척하며 버티기 시작하였습니다. 그래서 저는 그 아이를 바로 잡기 위해 한 가지 방안을 세웠습니다. 아이가 규칙에 어긋나는 행동을 할 때면 모든 선생님이 아이에게 시선을 주지 않기로 한 것입니다. 오랜 시간 학부모 상담을 통하여 양해도 구했습니다. 아이는 선생님들이 자신에게 관심을 가지지 않는 듯하여 보이자 주변을 맴돌며 더욱 심하게 떼를 쓰기도 하고 울기도 하였습니다. 결국, 모든 어른이 인내하며 아이가 무엇을 어떻게 해야 하는지 찾아가는 시간을 버텨주자, 아이는 조금씩 정돈이 되기 시작하였습니다. 오래 걸리더라도 자신이 해야 할 학습을 완성하기 위해 집중하였고 선생님들도 규칙을 따라오며 열심히 할 때는 아이에게 칭찬을 해주며 분위기를 잡아갔습니다. 그렇게 분위기가 잡히자 아이의 영어 실력은 빠른 속도로 향상되었습니다. 아이의 영어 실력 향상 속도가 빨라지자, 아이의 어머니는 다시 아이를 유명 어학원으로 되돌려 보냈습니다. 아이는 유명 어학원에서 2~3달 정도 다녔으나 결국 적응하지 못했고 다시 영어도서관으로 되돌아왔습니다. 그리고 선생님들은 다시 처음부터 규칙에 따르는 훈련을 시켜야만 했습니다.

영어라는 꽃이 만개할 수 있도록 인내심을 가지고 가꿔줘야 합니다. 아무리 프로그램이 좋아도, 유명한 어학원이라고 하여도 아이에게 맞지 않는다면 아무 소용이 없습니다. 우리 아이를 얼마나 사랑으로, 인내심을 가지고 가르쳐 줄 수 있는지가 중요합니다.

영어책 읽기를 잘하면 수능이 쉬워집니다

1) 조급해하지 마세요

한국에서 대학을 가기 위해 꼭 해야 하는 과목이 있습니다. 국어, 영어, 그리고 수학입니다. 예체능으로 실기를 친다고 하여도 영어와 수학을 보는 학교들이 많습니다. 그래서 그런지, 영어를 언어가 아닌 다른 교과목과 같은 방식으로 공부해도 되는 과목으로 인식하는 경우가 많습니다. 영어는 언어이기에 언어의 기능과 속성을 먼저 이해하는 것이 무척 중요합니다. 결국, 내신에서 벗어날 수 없기에 우리는 문법과 단어의 굴레에서 벗어나지 못한 채, 시험을 잘 치르기 위한 영어와 현지에서 유용하게 사용되는 영어로 나누기도 합니다. 물론 문법과 단어도 알아야 합니다. 이를 전혀 무시해도 좋다는 뜻은 아닙니다. 우리나라 영어 학습 현실에서는 지나치게 단어와 문법을 중요시합니다. 영어가 의사소통의 도구가 되는 언어라는 사실을 외면하고 있는 현실이 안타깝습니다. 초등학교 저학년 때까지 기본적인 영어를 잡지 않고 있다가 고학년이 되어서 이것도 저것도 못 하고 우왕좌왕하는 모습을 종종 보게 됩니다. 상담하다 보면 그런 자녀를 둔 학부모는 결국 눈물을 흘리며 후회합니다.

이상적인 이야기를 한다고 생각할 수도 있지만, 우리가 더 넓은 세상으로 나아가기 위해, 그리고 학교에서도 글로벌 인재로 아이들을 성장시키기 위해 "영어"라는 언어를 가르치는 것입니다. 그러한 목표를 이루기 위해서는 어렵겠지만 단기간에 성과를 보려고 하는 조급한 마음을 잘 다스리고 꾸준히 해나간다면 조금씩 길이 보이기 시작할 것이고, 결국에는 원하는 목표를 이룰 수 있다고 생각합니다. 또래가 어느 정도 영어 진도를 나갔는지가 아니라 내 아이의 진짜 영어 수준이 보이기 시작합니다.

학부모들의 조급한 마음은 너무나도 사랑하는 내 아이를 제대로 이해하지 못하게 되면서 아이들에게 애정 결핍과 같은 마음의 상처를 줄 수 있습니다. 제가 경험한 아이들의 모습에서 아이들은 알게 모르게 애정 결핍과 같은 행동을 보였습니다. 즉 인정과 사랑을 갈구하는 모습입니다. 우리는 물질적으로 풍요로운 환경에서 아이들을 키웁니다. 그렇다 보니 아이들은 어릴 때부터 물질적으로는 결핍 없이 성장하게 됩니다. 하지만 아이들은 오히려 채워지지 않는 결핍을 느끼게 됩니다. 영어도서관에서 아이들을 만나면서 풍요로운 현대 사회를 살아가는 아이들이 결핍이라는 감정에 시달리는지에 대하여 고민해보았습니다. 저는 학부모와 아이의 동상이몽이라는 답을 내렸습니다.

학부모는 자신의 우주인 아이가 행복하게 살아가기를 원합니다. 초등학교에 진학하기 전까지만 하더라도 한글도, 알파벳도 곧잘 습득합니다. 그뿐만 아니라 길고 어려운 공룡 이름이나 각 나라의 수도명도 줄줄 외웁니다. 우리 아이가 천재는 아니더라도 영재는 아닐까 하는 기대를 하기 시작하게 됩니다. 기대는 학부모의 욕심으로 변하게 되고, 아이들에게는 부담이 되어 아이를 서서히 짓누르게 됩니다. 초등학교에 진학하고 본격적인 학습이 시작되는 학년이 되면 학업 난도가 올라갑니다. 예전과 같은 결과를 내지 못하며 스스로 부모의 기대에 부응하지 못한다고 생각하는 순간, 아이들은 좌절을 경험하게 됩니다. 이것이 쌓이면 아이들은 자신을 공부 못하는 아이라고 정의하며 학업을 열심히 하는 것을 포기해버립니다.

아이들은 장거리를 뛰어야 하는 마라톤 선수처럼 출발선에서 자신의 보폭에 맞춰 나아갑니다. 무조건 재촉한다면 완주하지 못하고 중도에 포기하게 됩니다. 앞서 말한 것처럼 단기간에 성과를 보려는 조급한 마음을 잘 다스리고 꾸준히 자신의 페이스를 유지하고 나아갈 수 있도록 아이들을 격려하고 지원해야만 합니다.

2) 영어책 읽기가 수능에 유리합니다

내신영어와 실전 영어가 따로 있지 않습니다. 문법과 단어로 아이들의 영어 수준을 나눌 수 있는 시대가 지나가고 긴 문장을 읽고 이해하여 주제문을 찾는 문제를 풀어내야만 합니다. 점차 토익점수는 높지만, 영어를 못한다는 말이 사라지고 있습니다. 결국, 영어를 잘해야 내신도 수능도 잘해나갈 수 있습니다. 그리고 영어를 탄탄하게 잘하기 위해서는 시험 문제를 맞혀 높은 점수를 받기 위한 영어공부가 아닌 세계관을 넓히고 더 큰 세상과 소통하기 위한 영어공부를 해야만 합니다. 왜냐하면, 우리 아이들이 살아갈 세상은 기성세대가 살았던 영어를 못해도 큰 어려움이 없던 세상과 전혀 다르며, 세계는 점점 좁혀지고 생존을 위해서도 일상생활에서도 영어는 소통의 기본 도구가 되어가고 있기 때문입니다.

영어도서관에서는 종종 아이들에게 수능 모의고사를 풀게 합니다. 아이들은 영어도서관을 다니면서 영어책만 읽었습니다. 매일 영어책을 읽고 선생님과 이야기를 요약하고 생각을 정리하여 영어로 말하며 독후감을 씁니다. 많은 양의 단어를 외우지도 않고 문법 문제를 따로 풀지도 않습니다. 아이들은 지문이 길어 집중력이 흐트러지는 모습을 보이지만 문제를 푸는 것은 어려워하지 않습니다. 지문을 읽으면 금세 답을 찾아냅니다. 다른 친구들처럼 어학원을 다니면서 매일 단어 시험을 치는 것도 문법 강의를 따로 듣는 것도 직독직해를 연습하는 것도 아니지만, 아무렇지 않게 영어를 읽고 답을 찾을 수 있는 자신의 모습을 보면 아이들도 놀랍니다. 아이들은 영어책을 읽고 독후활동을 하면서 '실제로 사용되는' 영어 실력을 향상했을 뿐만 아니라, 덤으로 내신과 수능 영어도 어렵지 않으니 말입니다.

수능 시즌이 오면 약속이라도 한 듯, 한국 수능 영어를 비판하는 내용이 여기저기서 올라옵니다. 미국인도 풀기 어렵다는 둥, 미국 대학 교수도 이해할 수 없는 지문이라는 둥, 한국 영어 교육을 향한 날 선 비판이 넘칩니다. 제가 영어를 가르치기 전까지는 저 역시 비판하는 무리에 있었습니다. 하지만 제가 영어를 가르치면서 생각은 조금씩 바뀌게 되었습니다. 결국, 중요한 것은 한국 영어 교육이 잘되었는지,

잘못되었는지가 아니라 아이들은 자신에게 주어진 무기를 갈고 닦기 위해 수능을 제대로 치를 수 있는 영어공부를 해야만 합니다. 미국 대학교수도 어려워서 이해하지 못하는 지문이라 하지만, 영어 만점자는 지속해서 나옵니다. 시험은 결국 출제자의 의도를 파악하여 답을 찾아야 합니다. 기본적인 영어 실력만 있다면, 지문을 시간 내에 읽고 이해하여 출제 의도에 맞는 답을 찾을 수 있습니다. 수능 영어의 목표는 현지에서 얼마나 소통할 수 있는지를 평가하는 것이 아닌 대학에서 영어로 쓰인 전공 책을 읽을 준비를 하는 것입니다.

영어도서관에서 함께 일할 선생님을 뽑기 위하여 실시한 면접 중 소위 말하는 SKY대학을 졸업한 지원자들과 면접을 보다가 수능 영어 점수를 물어봤습니다. 지원자분들은 수능 영어는 당연히 만점이라고 말하였습니다. 그들은 하나같이 입을 모아 수능 만점의 이유는 고등학교 때까지 꾸준히 영어책을 읽고 독후감을 적었기 때문이라고 말하였습니다. 따로 수능 영어를 위한 공부를 하지 않아도 원서 읽기만으로도 가능하다고 이야기하였습니다. 그중 한 지원자는 자신은 영어 학원을 따로 다니지 않았지만, 자신의 어머니께서 직접 영어독서지도사 자격증을 취득하여 원서를 꾸준히 읽을 수 있도록 지도해 주었다고 이야기해주었습니다. 저는 그 말을 들으며, 오히려 우리가 영어를 너무 교과목이나 수능과목으로 생각하고 거기에 맞춰서 공부하기 때문에 더 어렵게 느끼는 것은 아닌가 하는 생각이 들었습니다. 매일 조금씩 책을 읽고 생각을 쓰는 것만으로도 충분히 실력 향상을 할 수 있는데 막연히 영문법 책을 100번 읽어야 한다든지, 단어를 하루에 100개를 외웠다든지 하는 수많은 말로 인해 영어를 잘하는 것이 더 힘들었을 듯합니다. 저는 매일 2시간, 2년이면 영어와 내신, 수능까지 다 챙길 수 있다고 말합니다. 모국어를 사용하듯, 영어를 읽고 쓰고 말하고 듣는 것만 된다면, 그다음은 어렵지 않습니다.

영어는 의지가 아닌 환경입니다

선생님을 채용하다 보면 재미있는 사실을 하나 발견합니다. 젊은 세대의 선생님들은 정말 영어를 잘하는 경우가 아니면 자신의 영어 실력을 '중'이라고 표현합니다. 아무리 수능에서 영어 1등급을 받고, 토익과 토플과 같은 공인시험에서 고득점을 취득하여도 자신이 영어를 잘한다고 표현하지 않습니다. 하지만 기성세대의 선생님들은 자신의 영어를 과대평가하는 경우가 많습니다. 영어 실력을 원어민 수준이라고 하여 면접을 진행하여도, 실제는 그렇지 않은 경우가 많습니다. 자신이 영어로 기본적인 의사소통을 하기에 큰 어려움이 없다고 느끼면 무조건 상이라고 말합니다. 선생님들을 지켜보면서 왜 그런지 생각해보았습니다. 그리고 그 답을 바로 환경에서 찾았습니다.

소위 말하는 MZ세대는 영어 환경에서 성장하였다고 하여도 과언이 아닌 시대를 살았습니다. 어릴 때부터 영어유치원, 영어 학원, 영어도서관, 영어캠프, 어학연수가 당연한 환경이었기 때문에 기본적인 의사소통으로는 자신이 잘한다고 느끼지 못하는 것입니다. 영어로 전공서를 무리 없이 읽고, 그에 맞는 에세이를 작성할 수 있어야 하며 자신이 맡은 전공 분야에서도 전문적인 지식을 나눌 수 있어야 합니다. 기본적인 의사소통은 모두가 다 가능하므로 그 정도 영어로서는 경쟁력이 없는 시대에 살았기에 자신의 영어 실력을 과소평가하는 경향이 있습니다.

영어에 Peer Pressure이라는 단어가 있습니다. 사전에는 "동료 집단으로부터 받는 사회적 압력"이라고 나오지만, 조금 더 쉽게 설명하면 또래 사이에 암묵적으로 정해진 생활 방식이나 문화를 따라 하게 만드는 힘입니다. 아이들은 주변 친구들이 무엇을 하느냐에 대한 영향을 정말 많이 받습니다. 영어유치원 졸업 후, 사립초등학교에 진학을 계획했다가 추첨이 되지 않아 공립초등학교에 진학한 A가 있었습니다. A의 누나는 영어유치원을 다니다 사립초등학교에 진학하여 학습하였기에 A도 자연스럽게 영어유치원을 다니며 영어공부를 하였습니다. 하지만 공립초등학교에 진학하면서 주변 친구들이 자신보다 영어를 잘하지 못하자 영어공부에 대한 의욕이 떨어졌습니다. 어머니는 매번 같은 고민을 하셨습니다. 가정에서 영어책을 읽히려고 하면, 같은 반 친구 이야기를 하며 자신은 충분히 잘하고 있어서 영어공부를 더 하지 않아도 괜찮다고 대답한다는 것이었습니다. 당시 영어도서관에서는 해리포터 특강을 진행하였고 또래 친구들이 해리포터를 읽는 모습을 보면서 갑자기 자신도 영어책을 더 읽으려 노력하는 것이었습니다. 선생님께는 어렵다고 울먹거리더라도 친구들이 옆에 있을 때는 재미있다는 듯 이야기하며 진행하였습니다. 그렇게 영어원서를 읽는 분위기에 휩쓸려 아이는 자신의 단계를 넘어서고 있었습니다.

역사적으로 힘든 시간을 겪은 우리 민족은 의지를 매우 중요하게 생각합니다. 의지만 있으면 어떤 환경 속에서도 잘 해낼 것이라고 믿습니다. 하지만 아이들을 가르쳐보니, 의지가 충만하여 자신의 한계를 뛰어넘을 수 있는 초등학생은 거의 없습니다. 결국, 환경에 의해 아이들은 결정하고 행동합니다. 되돌아보면 저도 영어를 공부하고 책을 꾸준히 읽는 것이 제 환경에서부터 비롯된 것입니다. 저는 항상 영어공부를 하고 있었던 엄마와 매일 책에 밑줄을 긋고 필사하는 아빠를 보고 자랐습니다. 그렇기에 영어는 당연히 잘해야 하며 책 속에 길이 있다고 믿었습니다. 영어를 잘해야만 내 꿈을 향해 나아갈 때 힘을 받을 수 있고, 책을 꾸준히 읽어야만 방향성을 잃지 않고 후회 없이 살 수 있다고 믿었습니다. 어떻게 해야 잘하는지를 몰라, 다양한 방법을 시도해보며 실패하더라도 영어 공부와 독서는 결코 멈출 수 없었습니다. 못한다는 사실을 알고도, 잘하고 싶어 노력하고, 또 노력했던 기억이 납니다.

요즘 아이들을 가르치다 보면 정말 환경이 얼마나 중요한지 다시 한번 깨닫습니다. 아이들은 결고 의지만으로 지루한 시간을 이겨낼 수 없습니다. 부모의 성향과 부모가 제공해주는 환경이 아이의 모든 것을 결정합니다. 영어 역시 마찬가지입니다.

모든 학습의 자신감은 영어에서 나옵니다

제가 반포에서 근무할 때, 만났던 아이가 한 명 있었습니다. 어머니께서 학원에 등록하실 때, 하셨던 말씀 때문에 기억에 남았습니다. 초등학교 고학년으로 올라가는 시점에 있지만, 아직 알파벳도 정확하게 알지 못하고 영어를 공부하는 것조차 매우 힘들어하였기에 어머니는 그냥 학원을 오가기만 해도 좋다고 말씀하시며 등록하였습니다. 당연히 고득점이 가능하다고 여겨지는 초등학교 영어 시험에서도 고군분투하며 자존감이 많이 떨어져 있는 상태였습니다. 영어로 인하여 다른 학습 역시 부진하여, 영어 원서라도 읽기 위하여 찾아온 것이었습니다. 아이는 자신이 즐겁게 읽을 수 있는 단계에서부터 차근차근 읽고 쓰며 말하기를 시작하였습니다. 속도는 느리지만, 자신만의 속도로 영어 기본기를 다져나갔습니다. 그렇게 계단을 하나씩 밟아 올라가자, 영어가 어느 순간 편해지기 시작하였고 학습에도 조금씩 관심을 가지기 시작했습니다. 그전에는 아무리 공부해도 제대로 성과가 나지 않아 힘들었다면, 이제는 어떻게 해야 결과가 나오는지에 대해 알아가고 있는 듯 보였습니다. 학부모 상담을 통해 점차 밝아지는 목소리를 들을 수 있었고, 아이는 자신이 배운 것에 대하여 최선을 다해 학습하는 연습을 해나갔습니다. 그리고 영어의 성장은 다른 학습에도 영향을 미쳤고, 학습부진아의 모습을 벗고 우등생으로 거듭나고 있었습니다.

아이들이 학습에 대하여 처음 접하는 것이 바로 영어입니다. 한국 땅에 살아가기에 우리에게 한국어는 당연히 할 수 있는, 학습이 따로 필요하지 않은 언어 중 하나입니다. 그리고 영어에 대한 교육열로 인하여 초등학교에 가기 전부터, 아기들이 가지고 노는 장난감에조차 영어 학습을 위한 기능이 들어가 있습니다. 한국어를 읽고 쓰기를 배우는 시기부터 우리는 당연하게 아이들에게 영어를 함께 가르칩니다. 그렇게 자연스럽게 습득하는 언어가 아닌 학습하는 과정을 통해 영어를 배우게 됩니다. 하지만 영어의 성장에 따라 아이는 첫 학습 좌절을 경험할 수도, 성취감을 느낄 수도 있습니다. 유치원 때는 수학을 잘하는 것도 국어를 잘하는 것도 크게 티가 나지 않습니다. 하지만 영어를 잘하는 것은 많은 사람에게 선망의 눈빛을 받으며 성장하도록 만드는 요소가 됩니다. 그렇기에 아이들 역시 영어를 잘하고 싶은 마음을 항상 가지고 있습니다.

제가 아기를 낳아 키우면서, 한국 영어 교육을 조금이나마 이해할 수 있게 되었습니다. 갓난아기 때부터 영어 감각을 키우기 위해 영어 동요를 틀어주는 것은 물론, 장난감에 누르는 버튼에조차 영어가 들어가 있습니다. 저 역시, 처음 다짐과 달리 아기를 낳고 나서 영어 노래가 나오는 유명한 사운드북을 구매하기도 하였습니다. 다시 그 시간을 되돌아보면, 나만 하지 않고 있다는 불안감에서 구매했습니다. 영어에 항상 노출된 환경에서 아이들은 자라지만, 영어로 인해 힘든 시간을 보내게 됩니다. 영어에서 잃어버린 자신감은 다른 과목에서도 비슷하게 나오는 경우가 많습니다.

영어 교육에 있으면서 종종 하는 말이 있습니다. 영어는 결국 시간과 돈이라는 이야기를 합니다. 되돌아보면 영어는 결국 어떻게 학습하는지에 대한 기본적인 태도에 의하여 결정됩니다. 영어를 위해 정말 필요한 것은 꾸준히 자신이 맡은 일을 해내는 성실함과 꼼꼼하게 학습하려고 하는 의지입니다. 그리고 영어책을 읽으면서 키운 성실함과 꼼꼼함은 다른 과목에서도 비슷하게 나타납니다. 아이들은 자신을 괴롭히던 영어가 쉬워지는 것을 직접 경험함으로 인하여 다른 과목을 공부할 때에도 자신의 성실함과 꼼꼼함을 사용하여 다시 한 번 성취도를 높입니다. 하지만 영어에서 정도가 아닌 왕도를 찾게 된다면, 결국 겉만 돌다 끝나게 되어버립니다. 그리고 다른 학습에서도 왕도를 찾기 위해 시간을 허비하게 됩니다.

오랜 시간 영어도서관에서 일하면서 아이들을 지켜본 결과, 영어는 머리가 좋거나 언어능력이 뛰어난 아이가 잘하는 것이 아닙니다. 영어는 약간은 부족하다고 하더라도 자신이 해야 할 분량을 진심으로 완성해내려고 하는 마음이 있는 아이들이 잘합니다. 그리고 그렇게 하나씩 완성해나간 작품들이 쌓이다 보면 어느새 영어가 너무 쉬워집니다.

결국, 꾸준함입니다

제가 초등학교에 다니던 시절만 하여도, 개근상이 있었습니다. 성실하지 않던 저는 한국에서 학교에 다니는 9년 동안 개근상을 받아본 적이 한 번도 없었습니다. 되돌아보면, 학교만 착실히 나가면 누구나 받을 수 있는 개근상을 받지 못한 것이 후회됩니다. 어렸을 때는 성실함이 삶에서 큰 무기라는 생각을 하지 못하였습니다. 하지만 영어도서관에서 10년이 넘는 시간 동안 일하면서 성실함이 얼마나 큰 무기가 될 수 있는지 깨달았습니다. 영어 사교육 시장에 있다 보면 정말 많은 선생님을 만나게 됩니다. 시간제 선생님부터 정규직 선생님, 실장님과 원장님들까지, 많은 사람을 알아가게 됩니다. 하지만 진득하게 자신의 길을 묵묵히 가는 사람은 많지 않습니다.

인생에 주어지는 모든 일은 똑같은 시기를 반복하며 살아갑니다. 처음에 시작할 때의 두려움과 설렘, 익숙해지면 찾아오는 편안함과 권태, 한 단계 도약하여 나아가기 위한 진통과 인내, 모든 진통이 끝나고 나면 다시 찾아오는 새로운 세상에 대한 두려움과 설렘으로 우리의 삶은 반복이 됩니다. 영어 역시 같은 맥락이라고 생각합니다. 아이들이 영어를 처음 시작할 때에는 잘하지 못할 것에 대한 막연한 두려움과 또 성장하여 영어를 유창하게 말하는 자신을 상상하며 찾아오는 설렘으로 배웁니다. 하지만 자신이 배운 것들에 익숙해지고, 기반을 쌓아야 하는 시간이 오면 알지 못할 편안함과 지루함이 찾아옵니다. 그리고 이 시간에 처음처럼 빨리 성장하지 않아 불안해합니다. 그렇게 지루한 시간을 버티면, 다음 단계로 올라가기 위해 어려운 단어와 문장들을 마주하며 영어와 씨름을 합니다. 그렇게 씨름을 하며 힘든 시간을 인내로 이겨내고 나면 언제 그렇게 어려웠냐는 듯, 새롭고 재미있어집니다. 과연 내가 이 수준의 영어를 해낼 수 있을까와 같은 알지 못하는 두려움과 또 도전하는 설렘이 한 걸음 도약하게 도와줍니다.

제가 정말 아끼던 여자아이가 한 명 있었습니다. 정말 알파벳도 모르는 채, 저와 영어를 시작하였습니다. 매일 80분씩 수업을 진행하지만, 아이는 정말 꾸준히 자신의 분량을 묵묵히 해내고 있었습니다. 아이가 특별히 똑똑하여 하나를 알려줘도 열을 아는 스타일은 아니었지만, 자신이 해야 하는 것은 정확하게 완성하려고 노력하였고 정말 불가피한 사정이 아니면 수업에 빠지는 일이 없었습니다. 코로나로 인하여 학원을 열 수 없게 되자, 어머니께서는 제일 먼저 온라인 수업을 요청하셨습니다. 자신이 해야 하는 학습을 차근, 차근 열심히 다녀 나갔습니다. 그리고 저는 그 아이가 어릴 때 두각을 나타내며 반짝이지 않더라도, 마지막 순간에 웃을 힘을 가졌다고 믿었습니다. 꾸준한 성실함은 결국 마지막 순간에 빛을 발하게 되니 말입니다.

제가 영어를 가르치면서 제일 좋아하는 말이 있습니다. 크라센이 자신의 저서 "읽기 혁명"에서 "학생들은 읽고 쓰는 능력이 향상되고 있다는 사실을 인지하지 못했다" 입니다. 아이들을 가르치면 가끔 힘이 빠질 때가 자신이 얼마나 향상되었는지 모를 때입니다. 아이들 역시 자신이 얼마나 성장했는지 잊어버리기 때문에 좌절하기도 하여 꾸준함을 잃어버리기도 합니다. 초등학교 3학년 남자아이를 가르칠 때였습니다. 아이가 대형 어학원을 다니고 있긴 하지만 영어를 읽을 수가 없어 답답한 상태로 찾아왔습니다. 학원에서의 학습이 점차 어려워지고 있었지만, 아이는 영어를 읽을 수 없어 수업을 제대로 따라갈 수 없었습니다. 그리고 아이는 저와 함께 영어를 다시 시작하였습니다. 알파벳부터 책을 읽어나가기 시작하였고, 한 학기도 채 지나지 않아 그림책 정도는 편하게 읽을 수 있게 되었습니다. 흥미로운 사실은 아이가 자신은 "원래" 영어를 어느 정도 했다고 생각하며 해리포터 원서를 읽지 못하는 것에 대한 좌절감을 느끼기 시작하였습니다. 저는 아이에게 어디서부터 시작했는지 알려주자 다시 다음 목표를 설정할 수 있게 되었습니다.

사실 영어 실력 향상은 어떤 계기가 없다면 느끼기 어렵습니다. 심지어 공인인증시험이라고 진행되는 평가들 역시 정확한 영어 실력을 말해주기는 어렵습니다. 다만 각 기관에서 원하는 기준을 제시하고, 그 기준에 부합하는지만 확인하는 용도에 불과합니다. 영어는 결국 가랑비에 옷이 젖어 들 때까지 인내심을 가지고 기다려야만 합니다. 옷이 다 젖고 나서도 언제 옷이 이렇게 젖었는지, 모를 때도 많습니다. 그래서 자신이 원래 잘했다는 생각을 가지게 됩니다.

영어를 잘하게 되는 것은 인생을 살아가는 것이랑 비슷합니다. 초심을 잃지 않고, 꾸준하게, 성실히 노력한다면 결국 목표 지점에 도달하는 것입니다. 많은 학부모가 그런 말을 합니다. 초등 저학년까지 영어를 완성해야 나중에 편하다고 말입니다. 저는 역으로 묻고 싶습니다. 영어의 완성이 무엇인지 말입니다. 영어는 초등 저학년에서 완성할 수 있는 단순한 기술이 아닙니다. 한 국가의 역사와 문화를 이끌어 온 언어이기에, 오랜 시간이 필요합니다. 수능을 치르기 위해 교과 과정에 따라 영어를 한다고 하더라도 최소 10년 동안 영어공부를 해야 합니다. 대학 졸업을 위해, 취업을 위해, 꿈을 이루기 위해, 영어는 필요합니다. 결코, 단기간 끝낼 수 없습니다. 그렇기에 우리는 영어를 조금 편하고 쉽게 가야만 합니다. 오랜 시간 영어도서관에 있으면서 아이들을 지켜본 결과, 영어는 머리가 좋거나 언어능력이 뛰어나야만 잘하는 것이 아니었습니다. 영어는 영어를 진심으로 대하고 자신이 해야 할 분량을 최선을 다해 완성해내려 노력하는 마음을 가진 아이들이 잘하게 되었습니다.

아무리 힘들어도 우리는 영어를 포기할 수 없습니다

컴퓨터와 인터넷의 발달로 인하여 지구촌이라는 단어가 생겼습니다. 세계화로 인하여 영어가 필수 언어처럼 굳어지게 되면서, 2000년대 초에 "영어 공용어화"에 대한 논란이 일어나기 시작하였습니다. 현재 한국의 공교육에서는 영어를 제1외국어로 가르칩니다. 하지만 소설가 복거일은 자신의 책 "국제어 시대의 민족어"를 통해 '국제어' 위치에 있는 영어를 한국의 공용어로 채택해야 한다고 주장하였습니다. 저는 그 당시 공용어화에 관한 토론이 큰 의미가 없다고 생각하였습니다. 하루가 다르게 기술이 빨리 발달하기에, 10년만 있으면 기계가 바로 동시통역을 해주는 시대가 올 것으로 생각하였기 때문입니다.

시간이 흘러 스마트폰이 대중화가 된 요즘, 여행을 가더라도 파파 고만 있으면 언어로 큰 어려움을 겪지 않습니다. 자유롭게, 즐겁게 대화에 참여할 수 없다고 하더라도 자신이 하고 싶은 말, 알아들어야 하는 이야기들은 스마트폰을 활용하여 가능해졌습니다. 또한, AI의 발전은 가속화되고 있어, Chat GPT 등 급변하는 기술과 정보들로 세상은 큰 변화를 겪고 있습니다. 예전에는 정보를 많이 가지고 있는 사람이 유리했다면, 이제는 정보를 어떻게 가공하여 활용해낼 수 있느냐가 경쟁력이 되었습니다. 더는 어설픈 정보와 실력은 사용할 수 없는 시대가 오고 있습니다. 영어도 마찬가지입니다. 정보를 정확하게 이해하고 창의적으로 가공하여 활용할 수 없다면 필요가 없을 것입니다. 단순하게 정보를 전달하기 위한 영어는 인공지능이 대신할 수 있기 때문입니다.

저는 2006년에 미국으로 향하였습니다. 당시만 하더라도 영어를 편하게 하는 것만으로도 엄청난 장점이 있었습니다. 영어 점수만 있어도 대학 진학이 가능하였습니다. 영어를 잘한다면 취업에서도 큰 어려움이 없었습니다. 하지만 제가 유학길을 마치고 돌아오니, 대한민국 땅에는 벌써 영어를 잘하는 사람들로 넘쳐나고 있었습니다. 심지어 유학을 다녀오지 않아도 원활하게 업무를 볼 수 있는 수준으로 영어를 하는 사람들이 많아졌습니다. 이제 영어는 사회에 나아갈 때, 무기가 되지 않았습니다. 당연한 도구가 되어버린 것입니다.

확실한 것은 우리가 세상에 나아갈 때, 영어라는 도구를 제대로 지니고 있느냐, 없느냐는 삶의 태도를 바꿉니다. 영어를 듣고 당황하여 도망가는 것이 아니라, 영어가 나오더라도 마주하여 문제를 해결하는 것이 중요합니다. 우리 삶에서 무기가 될 수 있는 정보들은 영어로 출간됩니다. 세계에서 손꼽는 대학도, 연구기관도, 연구자료도 영어권 국가에서 많이 나옵니다. 시장의 규모도 세계로 나갈수록 커집니다. 일례로 한국에서 베스트셀러가 되는 것과 미국에서 되는 것은 완전 다릅니다. 미국에서 베스트셀러가 되면 세계적인 인지도를 얻게됩니다. 영어를 유창하게 사용할 수 있다는 것은 한국이라는 공간을 넘어서 세계로 나아갈 수 있는 자신감과 발판을 만들어줍니다. 영어를 통해 우리는 더 큰 자유와 넓은 세상을 가질 수 있게 됩니다.

저는 어릴 때부터 미국을 동경하였습니다. 미국에서 학창시절을 보내고 싶은 마음이 강하였습니다. 미국이 주는 자유로움과 아메리칸 드림의 희망은 어린 저를 매료하기 충분하였습니다. 그리고 저는 영어를 통해 더 큰 세상과 마주하며, 꿈을 꿀 수 있게 되었습니다. 인생은 짧아, 우물 속 개구리로 살기엔 찬란할 인생이 너무 안타깝습니다.

아이들을 볼 때면 그런 생각을 합니다. "이 아이는 어떤 삶으로 세상에 빛을 비출까?"라는, 그리고 나와 함께 읽은 이 영어책이 아이의 마음속에 더 큰 세상과 꿈을 심어주기를 기도합니다.

오늘날 세계는 갈수록 점점 더 좁혀지고 있습니다. 불과 3~40년 전만 하더라도 해외여행은 특별한 일이었지만, 지금은 일상처럼 공항을 드나들게 되었습니다. 생활권이 전 세계로 넓어지고 있습니다. 앞으로 영어를 사용해야 하는 환경은 더 많이 조성될 것이고 영어를 못하게 되면 그만큼 기회를 얻지 못할 것입니다. 그러므로 영어는 힘들어도 우리가 반드시 넘어야 할 산이라고 생각합니다.

Chapter 2

영어 듣기와 말하기는
초등학교 1학년에 시작하세요

영어는 언제 시작하는 것이 제일 좋은가요?

저는 영어도서관에 있으면서 수많은 학생과 학부모를 만났습니다. 맡은 학생들은 최선을 다해 영어 실력을 올렸고, 어떤 아이도 영어를 잘하게 만들 수 있다는 자부심으로 일하였습니다. 영어 관련된 책뿐만 아니라 전반적인 교육과 심리에 관한 책도 읽으며 끊임없이 아이들에 대하여 공부하고 영어를 즐겁게 배우는 방법을 고민하였습니다. 그리고 학부모가 제게 영어와 관련된 고민을 말할 때면 모든 아이는 비슷하다며 편하게 생각할 수 있도록 상담하였습니다. 하지만 제 아이가 생기자 말이 달라졌습니다.

직접 아이를 낳고 엄마가 되니, 한국 엄마들이 얼마나 영어에 시달리는지 알게 되었습니다. 아직 말조차 트이지 않은 아이에게 영어 노출 환경을 조성해주기 위하여 안간힘을 쓰고 있습니다. 아이들이 사용하는 장난감에는 전부 영어가 들어가 있습니다. 저는 제가 영어를 가르쳤기에 아이가 초등학교에 진학하고 국어를 제대로 할 때쯤 시키겠노라 다짐을 하였지만, 주변에서 100일도 안 된 아기에게 영어 노출을 시작하니, 저도 모르게 조급하여 다른 엄마들을 따라 하고 있었습니다. 제가 경험하고 나자 왜 조기 영어 교육을 시작하지 않으면 조급한지 이해하게 되었습니다. 그러나 영어를 시작하기 가장 좋은 시기는 초등학교 1학년에 진학하고 난 뒤라고 설명합니다. 아이들이 학교에 다니면서 학습하는 자세도 배우고 모국어 체계도 정확하게 잡힙니다. 한국은 영어 환경이 아니므로 모국어 체계가 매우 중요합니다.

모두가 영어 학습에 매몰된 환경에서 중심을 잡고 초등학교에 진학할 때까지 기다리기는 절대 쉽지 않습니다. 아무리 모국어 체계가 잡힌 뒤에 영어를 시작하는 것이 좋다고 생각되어도 인스타그램에 넘치는 정보와 유창하게 영어를 구사하는 유아들의 영상을 볼 때면 마음이 조급해질 수밖에 없습니다. 내가 너무 신경을 쓰지 않아 우리 아이가 뒤처지면 어떻게 하나는 걱정과 두려움은 옆집 엄마가 하는 것을 모조리 따라 하게 만듭니다. 저는 그럴 때마다 영어 동요를 잠깐씩 틀어주었습니다. 매번 새로운 동요를 틀어주는 것이 아니라 하나를 지정하여 반복하였습니다. 사실 아이가 영어에 귀가 열리거나 발화하기를 기대하여 틀어주기보다 제 마음의 안정제 같은 역할이었습니다. 불안과 조급함은 그 순간을 넘기는 것이 중요합니다. 그렇게 몇 개월이 지나니 아이의 영어에 대한 걱정이 어느 정도 누그러졌습니다.

출산 동기들이 제게 아이의 영어는 언제 시작하는 것이 좋은지 물어볼 때면 저는 엄마의 선택이라고 대답합니다. 5살 때 영어를 시작한다면 5살의 학습 인지능력을 가지고 영어를 배우기 때문에 상대적으로 긴 시간이 걸릴 수 있지만, 언어 감각 발달에 좋고 영어적 사고를 자연스럽게 할 수 있습니다. 반대로 초등 고학년 때 영어를 시작한다면 학습에 익숙해져 있고, 높아진 학습 인지능력으로 상대적으로 빨리 언어를 습득할 수 있습니다. 하지만 초등 고학년 때까지 영어 유치원을 다닌 아이들과 비교하지 않고 버텨내야 하는 엄마의 마음은 불안과 조급함의 전쟁터가 됩니다. 저는 조급해하지 않을 자신이 있다면 초등학교 진학하여 시작하는 것을 추천하지만 조급함을 이길 자신이 없다면 조금 미리 시작하는 것이 좋다고 말합니다. 단, 일찍 시작한다고 모두 영어를 잘하는 것은 아니라는 사실은 기억해야만 합니다.

영어유치원은 꼭 다녀야 하나요?

미취학 아동을 키우는 학부모가 제일 많이 물어보는 질문이 바로 영어유치원입니다. 영어유치원을 보내기 위해서는 정말 많은 돈이 들어가지만, 나중에 투자된 돈과 대비하여 과연 후회하지 않을 선택인지에 대한 고민을 많이 합니다. 모든 교육기관이 비슷하겠지만, 모두가 만족하는 시설은 없습니다. 영어유치원 역시, 잘 적응하여 유창한 영어 실력을 보여주는 아이들을 보게 되면 비싼 돈을 들여서라도 보내야 한다고 생각할 수 있겠지만, 막상 치열한 경쟁에 적응하지 못하여 영어 학습 의욕이 저하되고 집단에서 소외되는 아이들을 보게 된다면, 보내지 않는 것이 옳은 선택이라는 생각을 가지게 됩니다.

영어유치원은 아이들의 성향 등 여러 가지 요인들을 깊이 있게 고민하여 적합한 선택을 하지 않으면, 보내지 않은 것보다 못할 수 있습니다. 학부모의 조바심 때문에 막연히 보내면 좋을 것이라는 안일한 생각으로 선택하게 된다면 안 좋은 결과를 초래할 수 있습니다. 다만, 제 경험을 바탕으로 볼 때 영어유치원은 아이들의 장래 영어 실력을 보장하지 않았습니다. 영어유치원을 졸업했다고 하여 영어 실력이 출중하다는 것도, 영어유치원을 다니지 않는다고 하여 영어를 못하게 되어 뒤처지는 것도 아닙니다.

저는 외국어고등학교에서 한 학기 동안 공부를 했었습니다. 당시 기숙사 생활을 하며 같은 방을 쓰던 친구들과 여전히 연락하고 지냅니다. 서른이 넘어갈 무렵, 친구들과 오랜만에 만나 과거 기숙사 생활하던 이야기를 나누었습니다. 친구 3명 중 저 포함 2명은 재학 당시 미국으로 교환학생을 떠났고 한 명은 한국에 남아 외고를 졸업했습니다. 우리는 학창 시절을 되돌아보며, "사실 외고라고 특별한 건 없었어. 굳이 외고를 가야 한다고 생각은 들지 않지만, 다시 선택한다고 하더라도 외고를 선택할 것 같아. 내 아이도 그렇고, 말이지"라고 이야기하며 서로 공감하였습니다. 그리고 저는 우리가 공감한 저 말에 답이 있다는 생각이 들었습니다.

사실 영어유치원을 다니는 것과 일반유치원을 다니는 것은 크게 다르지 않습니다. 요즘은 워낙 일찍 영어를 배우기 때문에 단순히 영어 환경에 얼마나 노출이 되냐, 안되냐의 차이 정도라고 생각합니다. 또한 "한국어 환경" 속에서 지속해서 영어만 쓰도록 강요되는 것 역시 좋다고 할 수 없고, 아이들의 언어 체계에 혼돈을 초래할 수도 있습니다. 그렇기에 최근에는 '엄마표 영어'와 같은 가정에서 다양한 교재와 교구를 활용해서 영어를 배우려고 하는 경향이 높습니다. 학부모가 얼마나 가정에서 고민하고, 신경을 쓰며 아이들에게 영어 환경을 만들어주었느냐에 따라, 영어유치원 못지않은 효과를 볼 수도 있습니다.

제게 아이와 함께 찾아온 첫 고민이 바로 영어유치원이었습니다. 오랜 고민 끝에 저 자신에게 솔직하게 물어봤습니다. 내 아이는 나와 다른 인격체로 존중해야 하고, 아이를 통해 만족감을 얻으려고 하면 안 된다는 사실을 잘 알고 있지만, 과연 정말 내 마음이 괜찮을 것인지 수없이 질문하였습니다. 아이가 반에서 꼴등을 하여도, 정말 나는 조급하지 않고 아이의 인생을 응원해줄 수 있을까? 옆집 아이는 해리포터를 영어로 읽는데, 내 아이는 놀이터에서 흙만 파먹고 있어도 나는 과연 웃어줄 수 있을까? 제게 질문하고 또 질문했습니다. 제 대답은 아이와의 관계를 위해서라도 내가 생각하는 기본 교육은 정확하게 해야 한다는 것이었습니다. 초등 저학년 때까지 학업 성취도가 제일 두드러지게 나타나는 것은 바로 언어라고 생각하였습니다. 그렇게 전 영어유치원을 알아봤습니다. 저는 아이를 키우기 좋은 동네들의 목록을 뽑아, 그 지역의 영어유치원 정보들을 싹싹 긁어모았습니다. 그렇게 열심히 정보를 수집하는 과정에서 제가 오랫동안 마음에 품고 꿈꿔왔던 영어 교육서를 적기 위해 원고와 기획서를 다시 꺼내 들었습니다. 모든 계획과 정보가 물거품이 되었습니다. 그리고 영어유치원 보낼 돈을 모아 방학마다 해외여행을 가기로 다짐하였습니다.

우리는 아이를 키우기 전에 내가 누구인지, 왜 아이를 낳았고 어떻게 양육하고 싶은지를 끊임없이 질문하고 답해야 합니다. 이 질문에 대답하기를 게을리 하는 순간, 교육이라는 망망대해 속에서 길을 잃고 여기저기 휩쓸려 다니다 결국 돈만 쓰고 후회만 남기며 눈물을 흘리게 될 수 있습니다. 제가 영어유치원을 궁극적으로 포기한 이유는 단 하나였습니다. 아이를 잘 키우겠다는 생각으로 보내는 영어유치원이 결국 제게는 독이 될 것이었기 때문입니다. 저는 아이가 제일 높은 반에 들지 못하게 되었을 때, 아이가 매달 진행되는 시험에서 점수를 제대로 받아오지 못하게 되었을 때, 마음의 평정을 유지할 자신이 없었습니다. 그리고 분명 아이가 영어유치원을 다니면서 경쟁하고, 높은 점수와 높은 반에 들어가기 위해 경쟁하는 것에 엄청난 스트레스를 받을 수 있다는 생각이 들었습니다. 초등학교 1학년이던 저는 하교하고 나면 책가방을 던져두고, 인형 가방과 함께 집을 나가 돌아오지 않을 정도로 노는 것을 좋아하였습니다. 노는 것을 좋아하는 제가 낳은 딸이 과연 노는 것을 좋아하지 않는다는 건 말이 안 됩니다. 또한, 제 논리에 맞지 않은 학습을 억지로 하는 것을 극도로 힘들어했던 저였기에, 아이가 마음이 정해지기 전에 과도한 학습을 경험하지 않았으면 하였습니다. 그렇게 저는 영어유치원을 포기하게 되었습니다.

하지만 저는 종종 이런 학부모에게는 영어유치원을 추천합니다. 아이가 승부욕이 강하고 경쟁을 즐기며, 1등은 하지 않더라도 꼴등은 죽어도 하기 싫어하는 아이들을 가진 학부모와 맞벌이를 하여 아이 학습에 깊이 관여하기 힘든 학부모입니다.

모든 학습의 중심은 아이입니다. 그렇기에 교육에 있어 모든 결정의 가장 중요한 요소는 아이의 성향입니다. 저는 강남에서 아이들을 가르칠 때, 가장 안타까웠던 부분은 영어유치원을 다니다가 오히려 영어와 더 멀어진 아이들이었습니다. 학부모도, 아이도, 더 좋은 것을 선택하기 위하여 영어유치원에 갔지만, 결과적으로 보았을 때 안 가

니만 못한 상황이 되어버린 것이었습니다. 옆집 엄마들은 모두 성공한 사례만 이야기합니다. 그렇기에 영어유치원만 가면 영어를 잘하게 되리라 생각하게 되지만, 실제로는 실패한 사례도 쉽게 찾아볼 수 있습니다. 특히, 영어도서관에 있다 보면 많이 만날 수 있게 됩니다. 당시 초등학교 3학년에 올라가던 B가 그랬습니다.

B를 처음 만난 날, 심상치 않음을 느낄 수 있었습니다. B는 매우 순수하였고 똑똑하였습니다. 그리고 ADHD였습니다. B의 부모님은 미국에서 석박사를 하고 난 뒤, 한국에서 일하시며 매우 바쁜 일상을 보내고 계셨기에 할머니께서 B의 교육문제를 책임지고 지도하셨습니다. B는 어릴 때부터 영어유치원을 다녔지만, 적응하지 못한 채 영어를 극도로 싫어하게 되었습니다. 자유로운 영혼이었던 아이는 학습식 영어유치원에서 많은 어려움을 겪어야만 하였습니다. 아이의 집중시간은 매우 짧았고, 공부하다가 노래를 부르기도 하고, 낙서하기도 하였습니다. 수많은 아이를 만나면서 ADHD라고 생각되었던 아이는 바로 이 아이 한 명뿐이었을 정도로 남달랐습니다. 아이는 모의수업을 할 때도 딱 한 마디만 반복하였습니다. I hate English.

만약 B가 영어유치원을 다니는 것이 아니라 밖에서 뛰어놀면서 성장하였더라면 조금 달랐을 것이라는 생각을 자주 하였습니다. B가 영어 학원을 싫어하지 않고 다니는 것만으로도 감사하다고 생각하셨던 할머니의 지원으로 아이는 꾸준히 영어책을 읽고 성장할 수 있었습니다. ADHD 때문에 학부모가 생각하는 이상적인 자세로 앉아서 독서를 하지는 못하였지만, 자신만의 방법으로 집중하여 책을 읽어나갔고, 2년 뒤 해리포터를 원서를 읽으며 영어에 자신감을 얻게 되었습니다. 아이는 자신이 좋아하는 코딩을 하기 위해 영어가 필수라는 사실을 깨닫고 나자, 더욱 열심히 영어에 집중하였습니다.

하지만 B와 반대로 영어유치원을 적극적으로 추천하는 때도 있었습니다. 바로 아이가 똑똑하여 조금만 공부하면 금방 만점을 받아오지만, 좀처럼 하지 않으려는 경우입니다. 아직도 제게 종종 카톡을 보내는 C의 어머니는 아이 교육에 있어 갈림길에 섰을 때마다 연락합니다. C는 매우 똘똘한 여자아이였습니다. 말도 잘하고, 영어유치원을 다녀 영어 공부하는 것에 큰 어려움이 없었습니다. 하지만 초등학교에 진학하고 학년이 올라가자 좀처럼 영어공부를 시키기가 쉽지 않았습니다. 그런 어머니의 고민을 듣고, 저는 어머니께 경제적 여유가 있다면 대치동으로 이사하는 것을 추천하였습니다. 이유는 간단하였습니다. 아이는 자신이 머리가 좋은 것을 잘 알고 있었습니다. 조금만 해도 금방 따라잡을 수 있다는 사실을 알기에 꾸준히 하려고 하지 않았고, 벼락치기 습관이 생기고 있었습니다. 또한, 영어유치원을 다니다 공립초등학교에 진학하다 보니, 자신보다 영어를 못하는 아이들이 많았고, 자신은 어느덧 영어를 잘하는 아이가 되어있었기에 굳이 영어를 더 해야 한다고 생각하지 않았었습니다. 이런 아이들은 결핍이 없고 자신이 필요하다고 생각하는 분야에서만 승부욕을 보이며, 굳이 1등을 해야 한다는 생각을 하지 않지만, 꼴등은 죽어도 싫어합니다. 그렇기에 오히려 평균이 높은 환경에 놓이게 되면 꼴등을 하지 않기 위해 다시 한 번 집중력을 발휘하게 되고, 함께 어울리는 친구들과 엇비슷하게 학습 성향을 맞춰가기 때문에 자신에게 알맞은 목표 설정 및 학습 계획을 세울 수 있게 됩니다. 제 조언을 듣고 대치동으로 레벨테스트를 다녀온 어머니는 당장 이사를 계획하며 아이의 환경에 변화를 주셨습니다. 그리고 스승의 날이면 감사의 문자를 보내주십니다.

영어유치원은 아이를 위한 선택일 수도 있지만, 학부모를 위한 선택일 수도 있습니다. 학원가에서 일한 경험이 있거나 아이를 양육해본 사람들은 우리나라 사교육비의 실태에 관한 기사를 읽을 때면 학부모의 과도한 교육열이 아닌 안타까운 현실을 반영한다고 생각할 수 있습니다. 비싼 사교육비의 또 다른 이름은 바로 보육료이기 때문입니다. 이제는 외벌이로 아이들을 풍요롭게 키울 수 있는 시대는 지났습니다. 막 휴전을 하고 먹을 것이 없던 시대에는 아이가 자신의 숟

가락은 물고 나온다는 말이 있었습니다. 하지만 이제는 매우 무책임한 말이 되어버렸습니다. 통계적으로 임신, 출산, 육아에서부터 대학까지 아이 한 명을 양육하는 비용을 대략 5억 이상으로 잡습니다. 아이들이 귀한 요즘은 더더욱 애지중지 부족함 없이 키우기 위해 다양한 경험을 할 수 있도록 활동비용이 추가로 발생하게 됩니다. 이 모든 양육비를 부담하기 위해서는 맞벌이는 기본이고, 조부모의 재력에까지 도움을 받아야 하는 상황이 생기기도 합니다. 이렇게 맞벌이를 하기 위해서는 부모가 회사에서 일하는 동안 아이들은 하교 후, 자신의 일정에 맞춰 학원가를 돌아야 한다는 뜻입니다.

맞벌이 부모가 제일 후회하는 점은 교육에 대하여 너무 안일하게 생각하지 않았느냐는 생각입니다. 자신도 열심히 했듯, 아이도 막연히 열심히 따라와 줄 것이라고 믿기에 아이 교육에 큰 신경을 쓰지 않다가 학년이 높아지면서 자신이 미리 챙겼더라면 아이가 학습으로 인하여 힘들어하지 않을 수 있었을 것이라고 자책하게 되는 경우가 많습니다. 그리고 이런 자책을 막기 위해 영어유치원을 보내는 것도 나쁘지 않다고 생각합니다. 학원가에 있다 보면, 영어유치원을 다니지 않고 어릴 때는 놀아야 한다는 생각으로 아이를 놀게 해주다가, 초등학교에 진학하여 영어유치원 다닌 친구들과 자신의 아이를 비교하면서 갑자기 아이가 감당할 수 없는 분량의 학습을 시키는 것을 심심

치 않게 볼 수 있습니다. 해보지 않고 후회하는 것이 해보고 후회하는 것보다 더 큰 미련을 남깁니다. 만약 영어유치원을 보내고 난 뒤, 적응하지 못하여 포기하게 된다고 하면 해보았기 때문에 다음 대책을 세울 수 있지만, 해보지 못한 채로 자신의 아이가 뒤처진다고 생각하게 되면 너무 큰 자책감에 시달리게 됩니다. 그렇기에 맞벌이를 하는 경우는 후회를 남기지 마시라는 의미에서 추천을 드리게 됩니다.

영어유치원은 영어를 잘하기 위해 꼭 거쳐야만 하는 기관이 아닙니다. 영어유치원을 나왔다고 해서, 성인이 된 이후에도 꾸준히 영어를 잘하는 것도 아닙니다. 영어유치원을 다닐 당시에는 알지 못하던 구멍들이 성장하면서 보이기도 하고, 오히려 자신이 영어에 사용할 에너지를 너무 일찍 많이 써버리는 바람에 정작 영어를 공부해야 할 때는 에너지를 쏟지 못하는 경우도 많습니다. 하지만 분명한 것은 아이들의 성향과 개성은 너무나도 달라서 하나만 옳다고 말할 수도, 또 하나가 틀린다고 말할 수도 없습니다. 만약 아이가 영어유치원에 잘 적응하고 흥미를 보인다면 영어유치원은 옳은 선택이 될 것이고, 반대로 아이가 힘들어하여 다니기를 거부하거나 또래와 어울리지 못하여 학습 동기가 저하된다면 잘못된 선택이 될 것입니다. 결국, 영어유치원의 선택은 아이에게 달려있습니다.

원어민 교사가 꼭 필요한가요?

한 때, 대한민국은 원어민 교사 열풍이 불었습니다. 원어민 교사의 자격 검증 없이 해외 국적을 가진 외국인이라면 환영하여 사회적 쟁점이 된 적이 있었습니다. 한국에서 자연스럽게 문법과 단어 위주의 학습식 영어에 매이지 않고 영어를 습득하기 위한 환경을 조성해주고자 하는 학부모의 마음에서 시작되었습니다. 비싼 돈을 투자하여 미국에 가지 않더라도 원어민과 유사한 발음으로 유창하게 영어를 하길 바라며 영어 노출 환경을 만들어주려는 노력이었습니다.

하지만 과연 원어민과 수업을 진행하는 것이 '자연스럽게' 영어를 습득하는 데 얼마나 크게 도움이 되는지에 대하여 한 번쯤은 고민해야 합니다.

제가 외고를 다닐 당시, 학교에는 원어민 회화 수업을 진행하였습니다. 당시 30명 남짓 되는 아이들과 영어만 구사하는 원어민 교사 한명과 진행되는 수업은 적극적으로 참여하는 학생 외에 큰 도움이 되지 않았습니다. 아이들 역시 집중을 하지 않아, 원어민 교사는 물뿌리개를 가지고 다니면서 수업에 집중하지 않거나 조는 학생들에게 물을 뿌렸던 기억이 납니다.

제가 고등학교 1학년 1학기를 마치고 미국으로 유학을 준비할 때, 외삼촌의 소개로 영국에서 온 금발의 외국인과 1:1 회화 과외를 하였습니다. 주 1회 한 시간씩 수업을 진행하였지만, 막상 미국 땅에 떨어지자 연습했던 영어는 나오지 않았습니다. 원어민과 진행하였던 영어 회화 수업은 제가 이해할 수 있게 발음과 속도가 맞춰 진행되었지만, 현실 영어는 영어에 익숙하지 않은 저를 전혀 배려하지 않고 엄청난 속도와 다채로운 연음을 자랑하였습니다. 이제껏 제가 배웠던 영어와는 완전히 다른 언어였습니다. 미국 고등학교에 다니면서 영어를 습득하였지만, 그 과정이 절대 순탄하지는 않았습니다. 학교 수업을 따라가기에 부단히 노력해야만 했고, 미국 본토에서 자주 사용되는 숙어나 속어 등을 따로 공부해야만 했습니다. 아무리 미국에서 살면서 영어를 배운다고 해도 노력 없이 자연스럽게 영어를 구사할 수는 없습니다.

원어민 수업도 비슷한 맥락이라고 생각합니다. 저는 심지어 미국에서 학교 다니고 생활하였습니다. 살아남기 위하여 열심히 해야 하였지만 사실 한국에서 영어공부를 하는 아이들은 상황이 다릅니다. 모든 생활이 한국어로 가능하며, 영어를 사용하지 않더라도 일상에는 어려움이 없습니다. 한 번 진행할 때에 1시간 내외로 진행되는 원어민 수업으로 아이들이 자연스럽게 영어를 습득하여 유창하게 구사하기까지 매우 오랜 시간이 걸릴 수밖에 없습니다.

저는 선생님을 채용할 때, 해외 경험이 있어 영어를 모국어처럼 구사하는 한국인 선생님을 선호합니다. 그 이유는 간단합니다. 교포 선생님들이 가지는 '학습'에 대한 기준이 일반적으로 한국 사람의 기준과 많이 다르기 때문입니다. 아이들은 언어를 연습하는 과정에서 교정도 필요하며, 일정 수준의 학습도 분명 진행되어야 합니다. 특히, 영어 독서 수업의 경우, 아이들이 책을 꼼꼼하게 읽어내고, 자기 생각을 정확하게 표현하여 말과 글로 나타내는 과정에서 아이들의 눈높이에 맞는 설명이 필요합니다. 이때, 선생님의 역량이 중요합니다. 하지만 종종 '자연스러운' 영어를 언급하면서 그 의미를 이해하지 못하는 경우가 있습니다. 재미있고 편하게 영어책을 읽고 입에서 나오는 대로 영어를 말하고, 쓰고 싶은 대로만 영어를 쓰는 것은 실제 영어를 사용하는 현장에서는 통할 수 있습니다. 그러나 아이와 학부모가 원하는 속도의 영어 실력 향상을 기대하기는 어렵기 때문입니다. 즉, '자연스럽게 영어를 습득하는 것'과 한국 설정에 맞는 학습이 병행되는 영어공부는 다릅니다.

그리고 가장 중요한 것은 원어민 또는 교포 선생님들에게 영어는 자신의 모국어이기 때문에 아이들이 영어를 어떤 부분에서 무엇을 어려워하고 힘들어하는지를 정확하게 파악하지 못한다는 단점이 있습니다. 선생님들과 아이들의 영어 실력 향상에 관한 회의를 할 때 대부분 원어민 선생님들이 '그냥 하면 되는 데 왜 영어를 못하지'라는 의문을 가졌습니다. 저는 '아이들을 제대로 파악하여 가르친다는 것은 결코 쉬운 일이 아니구나.'하는 생각이 들었습니다. 아이들이 정확히 무엇을 어려워하고 무엇 때문에 실력이 향상되지 않은 지에 대한 정확한 진단 없이 막연히 수업을 자신의 방식대로 진행한다면 아이들에게 효과적인 영어 실력 향상을 기대하기 어렵습니다. 이 점은 교육자의 자질로 매우 중요합니다. 한국에서 영어를 습득해보며 다양한 어려움을 겪어보았던 선생님들도 아이들의 마음을 이해하기 어려운 순간이 있는데, 우리나라 실정을 제대로 알지 못하는 원어민 선생님들은 한국 고유의 교육 정서를 이해하기 매우 힘들어합니다.

신기하게 학원에서 아이들을 가르치다 보면 점점 남학생들이 많아지는 경향이 있습니다. 현재 제가 운영하는 영어도서관 역시 남학생들이 다수입니다. 저는 왜 유독 남학생들이 많을까 고민을 해보았습니다. 처음에는 단순히 강동에 있는 특목고와 자사고로 인하여 남학생들이 많아서 그렇다고 생각하였습니다. 하지만 제가 공부하기 싫어하는 남학생들의 마음을 너무 잘 이해해주고 헤아려준다는 사실을 깨달았습니다. 아이들은 초등학교 저학년 때까지는 아무리 놀고 싶어도 학부모의 말에 순종적으로 따라오는 편입니다. 하지만 고학년이 되고 사춘기가 시작되면서 학부모와의 관계보다 친구와의 관계가 더 중요해지는 시기가 찾아옵니다. 또한, 몸이 커지고 2차 성징이 찾아오면서 졸음이 몰려오고 짜증이 늘어납니다. 여학생들과 달리 남학생들은 유독 뛰어놀고자 하는 욕구가 강해지면서 공부가 귀찮아집니다. 그리고 저는 아이들의 공부하기 싫은 마음을 누구보다도 더 잘 이해해주는 편입니다. 왜냐하면, 제가 공부를 싫어하는 아이였기 때문입니다. 제가 초등학교에 다닐 때, 아이들과 똑같은 과정을 겪었기 큰 생각 없이 표현한 공감과 위로가 아이들에게 큰 힘이 되었던 것입니다.

아이들의 영어 실력을 향상하기 위해서는 선생님이 아이들에 대한 고민과 관심이 무엇보다 필요합니다. 어떻게 해서 아이들이 더 영어를 쉽게 즐기며 실력을 향상할 수 있을지, 고민하고 또 고민하여야만 아이는 한 발걸음 더 앞으로 나아갈 수 있습니다. 그런 고민 없이 진행되는 수업은 아이들의 영어 실력을 기본기부터 탄탄하게 성장하도록 도와주지 못할 뿐 아니라 겉핥기식으로 진행되어 난도가 높아지는 단계로 점차 성장하지 못하고 제자리에 맴돌 수 있습니다. 결국, 아이들은 영어에 어려움을 느끼다 영어를 포기하게 됩니다.

어디 사는지가 정말 중요한가요?

결혼 전부터 입버릇처럼 하던 말이 있었습니다. 아이를 낳으면 꼭 강남에서 아이를 키우겠다는 말이었습니다. 저는 맹모삼천지교가 교육에 대해 매우 정확한 포인트를 지적했다고 생각합니다. 서당 개도 3년이면 풍월을 읊는다는 속담처럼, 성장하는 아이에게는 무엇보다 환경이 중요합니다. 분명 '맹모삼천지교'가 반드시 옳으냐에 대해서는 논란이 예상되지만 아이 교육에서는 한 번쯤은 깊이 고민하고 넘어가야 하는 문제임은 확실합니다.

저는 한국과 미국을 오가며 성장하였고, 수많은 아이를 가르쳤습니다. 다양한 사람들을 만나고 알아가면서 깨달은 사실은 우리는 주변 환경, 특히 친구의 영향을 많이 받는다는 사실이었습니다. 아이들은 아직 정체성이 완전히 성립되지 않았기에 환경의 영향을 무시할 수 없습니다.

우리는 가치가 사라진 세상에서 살아가고 있습니다. 옳고 그름이 모호해진 세상 속에서 아이들은 자신이 속한 동네 안에서 자신을 규정하게 됩니다. 동네 친구들과 어른들을 보면서 자신이 누구인지, 어떻게 살아가야 하는지를 고민하게 됩니다. 미디어에서는 단순히 외적인 아름다움을 강조하고 청소년에게 인기가 많은 웹툰에서도 외모지상주의적인 내용을 많이 포함하면서 점차 내면의 아름다움은 무시되고 있습니다. 사춘기가 막 시작하는 아이 중, 자신이 공부를 열심히하고 더 잘하기 위하여 노력하는 모습이 전혀 멋있지 않다고 생각하기도 합니다. 안타깝게도 아이들은 미래에 대한 상상력과 꿈은 사라지고 작은 스마트폰 속에서 보이는 세상만을 쫓아가기 바쁩니다. 이런 풍조 속에서 아이가 홀로 배움의 가치를 찾고 삶의 목적을 추구해나가는 것은 매우 어려운 일입니다. 저는 사춘기를 겪는 아이들에게 꼭 해주는 말이 있습니다. 진짜 멋은 공부도 열심히 하는데, 운동도 잘하고 성격도 좋아 친구까지 많은 것이며, 세상은 너무나 넓기에 절대 조그마한 학교에만 갇히지 말라는 것입니다. 우물 안 개구리라는 말이 있습니다. 아이들에게는 자신이 속한 학교와 동네가 전부입니다. 그렇기에 주변 친구들의 생각과 행동이 아이들의 기준이 됩니다. 아이들은 작은 공간 속에서 서열이 나뉘고 자신의 위치를 정하게 됩니다.

수년 전, 대학 특별수시전형에 관한 글이 인터넷에 올라왔었습니다. 다양한 수시 제도가 오히려 학군지 아이들에게는 역차별적인 제도라는 글이었습니다. 지방의 모 고등학교에 재학 중인 학생이 댓글을 달았습니다. 자신은 전교 1등을 유지하기 위하여 시험 기간에는 4시간만 잘 정도로 열심히 공부하기에 절대 역치별이 아니라는 주장이었습니다. 즉, 학생은 학군지 아이들만 열심히 공부하는 것이 아니라 지방 일반고등학교 학생들도 학군지 못지않게 열심히 공부한다는 내용의 글로서 꽤 논리적인 주장이었습니다. 하지만 그에 달린 대댓글은 더욱 놀라웠습니다. 바로 특목고는 아예 잠을 자지 않는다는 댓글이었습니다. 저는 이 글을 보고 학군지와 비학군지의 가장 큰 차이점이 바로 노력에 대한 기준이라는 생각을 하게 되었습니다. 방학 동안 '집중적'으로 영어 독서를 하여 한 단계 도약하기 위하여 영어도서관을 찾아옵니다. 이때, 학군지는 평균적으로 매일 1~2회의 수업을 진행하는 것을 당연하게 생각하며 계획을 세우지만, 비학군지는 방학 동안 8회 남짓 등원할 계획으로 학원을 등록합니다. 학군지는 방학이기 때문에 하루 3~4시간 이상을 독서에 투자할 계획을 세우지만, 비학군지는 일주일 3~4시간을 계획합니다. 방학 동안 10권 미만의 책을 읽는다고 영어책 읽기가 잡히지 않습니다. 10권 미만의 책을 읽고 수업하고 나면, 그제야 영어책을 읽고 요약하는 정도의 감을 잡습니다. 또한, 아이들에게 도약하기에 앞서 지지부진하고 힘든 시간이 찾아오면 그 시간을 버텨내어 넘어갈 수 있도록 도와주는 것이 아니라 오히려 쉬도록 하는 경향이 있습니다. 모든 결과는 자신이 투자한 99%의 노력과 1%의 운이 합쳐져 나타납니다. 그리고 어린 시절에는 세상을 열심히 사는 기준을 조금 높여주어야 아이가 성장하는 과정에서 필연적으로 부딪히게 될 걸림돌을 좀 더 쉽게 극복할 수 있습니다.

어디에서 사는지는 크게 중요하지 않을 수도 있습니다. 어쩌면 누구와 함께 어떤 공동체를 이루고 살아가는 지가 더 중요할 수도 있습니다. 아이를 키우기에 앞서 어떤 환경에서 아이를 키울 것인지 한 번쯤은 고민해 봐야만 합니다. 원하는 환경에서 교육할 수 없다면 다양한 방법으로 극복할 수 있도록 학부모는 고민하고 연구해야 합니다. 아이들의 교육은 문제가 발생하고 난 뒤에 해결하는 것은 매우 어렵기 때문입니다. 심각한 경우는 아예 해결할 수 없다고 생각될 수도 있습니다.

한국 사람들이 오해하는 '영어 잘하는 사람'이란?

　　제가 영어를 제일 못하는 순간이 한국인 앞에서 영어를 하는 것입니다. 한국인 앞에서 영어를 하기 위해서는 발음부터 악센트, 문법, 단어 선택까지 모든 것이 완벽해야만 합니다. 하나라도 실수하는 순간, 지적을 당하기 때문입니다. 제가 여의도에서 직장인 상대로 수업을 하던 당시, 모 기업의 임원께서 수업에 참여하여 그런 말씀을 하셨습니다. 자신이 전 세계 바이어들과 회의를 진행할 때, 제일 영어를 잘한다고 생각되는 사람은 발음이 유창한 사람도 고급 어휘를 구사하는 사람도 아닌, 자신이 하고자 하는 말을 정확하게 표현하는 사람이라고 하였습니다. 한국에서 영어공부를 할 때면, 가장 중요한 요소들은 뒤로 밀립니다. 영어의 본질은 언어이기 때문에, 어떤 상황에서도 정확한 의사소통을 할 수 있는 능력을 키우는 것이 가장 먼저이지만, 한국 영어 교육에서는 정확한 미국식 발음과 문법을 가장 중요하게 생각합니다. 또한, 언제나 영어를 평가받아야 하는 환경에서 성장하다 보니, 타인의 실수를 이해하기보다 지적하기 바쁩니다.

한국 아이들의 평균 영어 실력은 기성세대보다 많이 향상되었습니다. 특히, 학군지로 갈수록 아이들은 원어민 수준의 영어를 구사하며, 일상생활에서도 영어와 한국어를 구분 없이 사용하기도 합니다. 하지만 학년이 올라가면 올라갈수록 아이들의 영어 실력을 객관적으로 평가할 수 있는 기준이 모호해지기 때문에, 정말 사소한 실수 하나로 점수를 깎아 변별력을 갖추려고 합니다. 수학과 달리 정확한 답이 없는 영어에서 변별력을 갖추기 위해 작은 실수에도 점수가 왔다 갔다하기에, 아이들은 영어를 할 때마다 마음을 졸일 수밖에 없습니다.

초등학교 4학년인 A가 한국식 영어로 인하여 한계에 부딪혀 방황하였습니다. A는 토플을 바탕으로 프로그램이 구성된 대형 어학원에서 오랫동안 영어공부를 하였습니다. A는 타고나게 승부욕이 강하고 자신 앞에 주어진 과제를 정확하게 알아야만 다음으로 넘어갈 수 있는 성향을 가지고 있었습니다. A가 처음 영어 독서를 할 때, A를 가장 힘들게 했던 부분이 바로 A의 성향이었습니다. 책을 읽다가 모르는 단어 하나라도 나오는 순간, 당황하고 모른다는 답답함에 바로 연결되는 뒷부분을 모조리 놓치게 되었습니다. 안타깝게도 시험을 치를 때도 같은 모습을 보여주었습니다. 긴 지문을 읽고 문제를 풀어야 하지만, 지문을 읽다 모르는 단어가 나오자마자 모든 생각이 멈추며 포기한 채, 바로 답을 찍어 버렸습니다. 어머니와 상담 과정에서 지난 어학원에서 아이가 어떠했는지 물어보았습니다. 아이는 항상 최상위 반을 유지하였지만, 어느 순간 과도한 학업량을 따라가지 못하여 포기하게 되었다는 것이었습니다. 초등학교 4학년이지만, 미국에서 대학 수업을 이해하는지를 판단하는 토플 시험의 기출 단어를 외워야 하니, 아이도 적잖이 스트레스를 받다 결국 그만두게 되었습니다. 아이는 이제껏 공부해야 할 분량이 주어지면, 열심히 공부하여 시험에서 좋은 성적을 거두는 방식으로 영어를 공부하였습니다. 하지만 영어도서관에서는 어떤 예습도 하지 않은 채, 영어책을 읽고, 요약과 생각을 말하고 써야 했습니다. 처음 A는 자신의 진짜 영어 실력을 마주하는 것을 무척이나 힘들어하였습니다. A에게 영어책에 나오는 단어를 완전히 다 알고 진행하는 것은 어렵다는 사실을 꾸준히 인지시켜 주며, 몰라도 괜찮다며 계속 알려 주었습니다. 그리고 A가 모든 것을 다 알아야 한다는 부담감을 내려놓자, 편하게 영어책을 읽으며 이야기를 할 수 있게 되었습니다.

영어를 배울 때, 실수를 피할 수 없습니다. 아이들이 실수를 두려워하지 않는다면 영어에 한 발자국 가까이 다가갈 수 있습니다. 아무리 모국어라고 하여도 완전한 영어를 구사하는 것은 불가능할 수 있습니다. 그렇기에 우리가 생각하기에 고급지고 세련된 영어만 추구하기보다 정확한 의사소통과 정보 습득을 위한 실용적인 영어를 추구하기를 권합니다.

영어를 망치는 잘못된 영어 상식

영어도서관 본사에서 자료를 제작하는 일을 할 때였습니다. 당시, 저를 당황하게 했던 요청 중 하나가 단어장에 관한 불만이었습니다. 영어도서관에서는 영어 원서를 읽기 때문에 아이들에게 영어 단어 역시 책에서 사용되는 뜻으로 공부할 수 있도록 지도하게 됩니다. 하지만 가맹 원장 중 간혹 1번 뜻, 2번 뜻을 이야기할 때가 있습니다. 예를 들어, company라는 단어가 있습니다. 한국식 영어공부를 통하여 company는 회사라고만 배운 원장은 뜻이 잘못되었다며 본사로 항의를 합니다. 제가 아무리 책에서 company는 '친구, 동료'라는 뜻으로 쓰인다고 설명해도, 네이버 사전에서 나타나는 1번 뜻이 '회사'이기 때문에 '회사'로 아이들이 배워야만 한다고 주장할 때면 저는 도대체 그 1번 뜻, 2번 뜻을 누가 정했는지 물어보고 싶습니다. 영어에서는 company를 회사로도 많이 사용하지만, 친구라는 의미로도 많이 사용되기 때문에, 어른들의 영어에 대한 잘못된 상식이 아이들이 영어 단어의 다채로운 뜻을 공부할 기회를 제한하게 됩니다.

아이들을 가르칠 때도 비슷한 어려움을 겪습니다. Olivia Sharp 시리즈의 The Pizza Monster라는 영어책에 보면 "depressing"이라는 단어가 나옵니다. 문법적으로 보게 되면 형용사의 역할을 하는 동명사일 수 있지만, 초등 1학년 아이에게 그렇게 설명할 수 없습니다. 초등 1학년에게는 형용사도, 동명사도 너무 어려운 개념이기 때문입니다. 책에 나오는 문장인 "He is depressing"을 우리가 잘 아는 현재진행형인 "그는 우울하게 만드는 중이야"라고 하기에는 문맥상 맞지 않기 때문에 "depressing"을 단순하게 "우울하게 만드는"이라는 단어로 공부해볼 수 있게 도와줍니다. 만약 네이버 사전을 기준으로 아이들에게 영어 단어를 가르치게 된다면 "depressing"은 키워드임에도 불구하고 아이들에게 가르칠 수가 없습니다. 아이들은 "depressing"이라는 단어를 배울 기회가 없어지게 됩니다.

왜 우리는 이런 어리석은 실수를 범하게 되는 걸까, 라는 고민을 하게 되었습니다. 결국, 시작은 기성세대의 잘못된 상식이라는 점이었습니다. 오랜 시간 영어를 교과목으로만 접한 세대이기 때문에 모든 영어에 정답이 있다고 생각하는 것입니다. 그리고 사전에 나오지 않는 것, 즉 교과서에 정확하게 나오지 않는 것은 틀렸다고 간주해버리는 것입니다. 드넓은 언어의 폭을 시중에 나오는 문법책이나 단어장에 가둬버리는 꼴이 되어버리는 것입니다. 언어는 수학처럼 1+1=2의 방정식으로 나올 수 없습니다. 영어에서는 1+1의 결괏값이 다양하게 나올 수 있습니다. 언어를 사용하는 화자의 성향에 따라 단어 선택부터 문장의 형식까지 모두 다르게 나올 수 있습니다.

아이 중에서도 간혹 이런 질문할 때가 있습니다. "영어로 '가르치다'라는 뜻을 가진 단어는 'teach'인데, 왜 여기에는 'instruct'라고 되어 있나요?"라고 질문합니다. 그러면 저는 단순하게 대답해줍니다. "'배'랑 같은 거야, 먹는 배, 타는 배, 너의 배. 하나의 단어가 여러 가지 뜻을 가질 수도 있고, 반대로 하나의 뜻을 여러 가지 단어로 표현할 수 있는 거야"라고 설명해주면, 아이들은 곧잘 받아들이고 공부를 하게 됩니다.

한국과 영어권 국가의 문화는 매우 다릅니다. 그렇기에 영어에 없는 표현이 한국어에는 있지만, 한국어에 없는 표현이 영어에는 있습니다. 너무나 다른 두 문화권의 언어를 교육제도가 만들어둔 틀 안에 구겨 넣는다는 느낌이 듭니다. 언어는 옳고 그름을 따지는 논쟁의 대상이 아니기에, 언어의 규칙에 너무 집중하여 논쟁하기보다 아이들이 언어라는 도구를 더 잘 활용할 수 있도록 자유롭게 해주는 것이 영어 성장에 더 큰 도움이 됩니다.

우리 아이가 너무 산만해요

요즘 육아에서 이슈가 되는 단어가 하나 있습니다. 그건 바로 ADHD입니다. 현대 사회를 살아가는 아이들에게 가장 많이 보이는 증상 중 하나가 틱과 ADHD라고 해도 과언이 아닐 정도로 흔하게 찾아볼 수 있습니다. 채널A에서 진행하는 "금쪽같은 내 새끼"라는 프로그램에도 자주 등장할 정도로 흔하게 볼 수 있습니다. 하지만 ADHD라는 단어가 대중화가 되면서 조심해야 할 점이 있습니다. 아이에게 제대로 된 규칙을 정해주고 이를 따르도록 교육하지 않은 환경에서 성장한 아이는 자신의 기분에 따라 행동하며 사회적인 규칙을 따르지 않고 산만한 모습을 보이는데, 이를 ADHD라고 오인하기도 합니다. 그리하여 평범한 아이를 ADHD라고 단정을 지어버리는 실수를 범하게 됩니다. 때로는 보통 아이들과 다를 바 없는 데도 ADHD라고 잘못 판단하여 약을 먹기도 합니다.

10년 동안 영어도서관에서 아이들을 만나면서 ADHD라고 말할 수 있는 아이는 딱 한 명 있었습니다. 선생님 혼을 쏙 빼놓을 정도로 산만한 아이들을 많이 만났지만, 그 누구도 ADHD라고 단정 지을 수 없었습니다. 대부분 아이의 산만함은 혈기왕성한 초등학생 남자아이들이 당연히 가져야 하는 수준에 불과하였습니다. 최근 아이가 산만하다는 문제로 상담을 진행한 적이 있습니다. 그 아이가 등원하는 날이면, 선생님들을 물론 제 혼도 빠지는 기분이 들 정도의 산만함을 보여주었습니다. 어머니께 어디까지의 훈계를 할 것인지에 대하여 상의하기 위해 상담 전화를 드렸습니다. 그리고 어머니를 통해 재미있는 이야기를 하나 들었습니다. 아이가 현재 다니는 수학학원에서도 똑같은 모습을 보이며, 수학학원 선생님께서 ADHD가 의심된다고 말씀하셨다고 합니다. 그 이유는 아이가 매우 산만하지만, 또 집중할 때에는 집중한다는 것이었습니다. 저는 그 이야기를 듣고 웃으며 다시 설명해 드렸습니다. 아이는 ADHD라고 하기보다 그냥 보통의 남자아이들이 가지고 있는 에너지를 발산하는 것뿐이며 자신이 없을 때 아이는 유독 산만한 행동을 하여 상황을 피하려고 하는 것이라고 말입니다.

5년 전 저와 함께 일하며 제 능력을 인정해주신 와이즈리더 대표이사님으로부터 강동에서 새로운 모습의 영어도서관을 같이 운영해보자는 제안을 받았습니다. 그래서 저는 처음으로 강사가 아닌 관리자로 참여하게 되면서 아이들에게 강도 높은 영어 독서 수업을 즐겁고 흥미롭게 진행하는 방법과 선생님과 가맹 원장님들을 교육하는 방법에 대하여 작성하게 되었습니다. 그중 제가 가장 강조하는 원칙이 있었습니다. "선생님은 진심에서 우러나오는 각별한 애정과 관심을 가지고 아이들을 대하여야 한다."라는 것입니다. 아이들은 선생님이 자신을 어떤 마음으로 대하는지 본능적으로 정확하게 알아차립니다. 어른들은 어리기에 잘 모를 것으로 생각하고 아이들을 차별하거나 가볍게 대할 때가 있습니다. 그런 경우, 아이들은 어른의 지시를 따르지 않거나 반항하기도 합니다. 무엇보다 아이들의 마음을 잘 헤아리는 관심과 사랑이 필요합니다.

때때로 아이가 선생님에게 무례한 행동을 합니다. 아이가 정말 되바라져서 그럴 수도 있지만, 저는 아이들의 모든 무례한 행동 이면에는 자신의 약점을 숨기고자 하는 의도가 있다고 생각합니다. 또한, 무례함으로 얻게 되는 주목이 관심과 애정이라고 오해하여, 더 무례하게 행동할 때도 종종 있습니다. 이럴 때는 무례함을 단순히 지적하며 혼내는 것보다 오히려 못 본 척하면서 무시하기를 추천합니다. 모든 교육을 시작하기에 앞서 가장 중요한 것은 아이의 마음 상태를 헤아리는 것입니다. 어른의 시선에서 아이를 바라보지 않고 우리가 아이였을 때의 시선으로 아이를 바라보며 공감해주어야만 합니다.

사실 아이들의 산만함 역시 이와 같은 문제라도 설명합니다. 모든 아이는 진심 어린 관심과 사랑을 갈구합니다. 자신의 원하는 만큼 애정이 충족되지 않는다면 때로는 무례함으로, 때로는 산만함으로 나타나게 됩니다. 결국, 애정 결핍으로 산만해지는 아이들을 우리는 ADHD라고 오해를 하기도 합니다.

출산율이 1.0도 되지 않는 요즘, 가정에서 아이들을 정말 애지중지 키우고 있습니다. 하지만 학원에서 아이들을 만나면서 느낀 점은 아이 대부분이 애정 결핍을 겪고 있다는 사실입니다. 아이들은 가정에서 조건 없는 사랑을 받지만, 항상 부족함을 느끼고 사랑을 갈구하는 아이러니한 모습을 보입니다. 한 육아서에서 요즘 아이들은 부유한 환경에서 부족함 없이 성장하지만, 역으로 전쟁 속에 성장한 아이들과 같은 트라우마를 보이기도 한다는 연구 결과를 본 적이 있습니다. 결핍을 경험하지 못한 아이들은 성장하면서 겪어내야만 하는 여러 결핍 상황에서 더욱 힘들어한다는 것이었습니다.

이 연구를 보면, 한국에서 성장하는 많은 아이가 가정에서 절대적인 사랑과 보호 속에서 성장하지만, 역으로 성장하여 바깥세상으로 나왔을 때는 그만한 사랑이 충족되지 않아 트라우마적 결핍에 시달리는 것입니다. 또한, 전쟁터에서 급격하게 성장한 한국 사회에서 우리는 왜곡된 사랑을 진정한 사랑이라고 오해하고 있기도 합니다. 아이들에게 필요한 사랑은 자신의 이야기를 들어주고 자신이 세상을 살아가면서 따라야 하는 규칙을 정확하게 알려주어, 가정 밖으로 나가 사회 속으로 들어왔을 때 사람들에게 사랑받고 존중받을 수 있도록 이끌어주는 것입니다. 하지만 가정에서 학부모가 아이들보다 말을 많이 하는 경우를 쉽게 볼 수 있습니다. 맞벌이로 바빠서 아이들의 이야기를 들어줄 수 없는 경우도 많습니다. 안타깝게도 많은 아이의 산만함은 여기에서 나옵니다.

가정에서는 있는 그대로 사랑을 받습니다. 하지만 사회에 나오는 순간, 사랑을 받기 위해 많은 조건이 따라붙습니다. 이때, 규칙을 따르는 법을 제대로 배우지 못한 아이들은 원하는 관심을 받지 못하게 되고, 그 과정이 반복되면서 역으로 선생님이 화를 내거나 자신에서 혼내는 것을 관심이라고 생각하여 산만한 행동을 반복하기도 합니다. 그렇기에 산만한 행동 속에 숨어있는 아이의 욕망을 읽어주는 것이 매우 중요합니다.

　영어도서관에서 아이들이 산만한 경우는 대부분 아이가 영어를 잘하지 못하기 때문에 발생합니다. 자신이 못하는 것을 들키지 않기 위해 웃음으로 무마하거나 장난을 치는 모습을 자주 보입니다. 초등 3학년이었던 B는 항상 웃는 명랑한 아이였지만 수업에는 집중하지 않아 선생님들께서 꽤 걱정하였습니다. 어머니는 우리를 믿고 맡겨주셨기에 아이의 영어 실력을 꼭 향상하기 위하여 매일같이 회의했습니다. B는 영어도서관을 다니기 전에는 대형 어학원을 다녔습니다. 제일 높은 반에서 수업을 들으며, 매 시험 높은 점수를 받았습니다. 하지만 막상 영어책을 읽고 이해한 내용을 바로 영어로 설명해야 하는 영어도서관에서는 아이가 실력 발휘를 하지 못하였습니다. B는 선생님 질문에 계속 웃기만 하며 엉뚱한 이야기만 하였습니다. 영어로 독후감을 쓸 때도 그림을 그리거나 친구와 떠드는 등, 지적받을 행동을 지속했습니다. 저는 그 아이가 자신이 자신의 영어 실력에 대해 자신이 없어 산만한 행동을 하는 것으로 판단하고 수업을 진행하면서 아이에게 계속 잘한다는 칭찬과 모를 때는 어떻게 해야 하는지 등 정확한 행동 규칙을 알려주었습니다. 틀리거나 모르면 지적하거나 혼내는 대신 틀리고 모르는 것이 당연하다는 듯 웃으며 설명해주자, 아이는 부담감을 덜고 조금씩 마음이 열렸습니다. 그렇게 적응 기간이 끝나자 아이는 누구보다 더 집중하여 수업을 따라왔습니다. 그렇게 그 아이는 쉬운 그림책에서 시작하여 다양한 영어 소설을 읽고 중학교에 진학할 수 있었습니다.

아이들을 가르치고 학부모를 만나다 보면, 한국 사회에서는 유달리 아이들에게 엄격하다는 생각이 듭니다. 저 역시 아이들에게 높은 기준점을 가지고 가르치던 시간이 있었습니다. 그러던 중, 아이들을 가르치기 위해 읽었던 Junie B. Jones 시리즈와 Judy Blume의 Tales of a Fourth Grade Nothing을 읽고 나서 생각이 바뀌게 되었습니다. 아이들은 아직 세상을 알아가는 과정이기에 어른들이 당연하다고 생각하는 것들을 모르기도 하고, 어처구니없는 일들을 벌이기도 합니다. 먼저 세상을 살아본 어른으로서 아이들은 정말 하나부터 열까지 가르쳐주어야 하는 약한 존재라는 사실을 새삼 깨닫게 되었습니다. 우리 사회가 가진 아이들의 사고와 행동 수준에 대한 잘못된 인식이 오히려 아이들을 망치는 경우가 많습니다. 아이들을 가르칠 때, 그들이 어른과 같은 사고와 행동을 할 수 있다는 잘못된 생각으로 아이들을 훈육할 때가 종종 있습니다. 아이들은 어디까지나 자신의 나이에 맞는 수준으로 생각하고 행동할 수밖에 없기에 아이들은 어른들의 언어나 태도를 이해하지 못하여 오히려 예상하지 못한 행동을 합니다. 아이의 행동을 처음 본 부모는 당황하게 되며 아이를 키우는 과정을 어렵게 생각하게 됩니다. 그리고 이 과정이 반복되면 부모와 아이 사이에는 미묘한 거리감이 생기기 시작합니다. 아이를 아이로서, 있는 모습 그대로 이해하고 마주해야만 다음 성장 단계로 자연스럽게 나아갈 수 있습니다.

영어를 잘하기 위해서 회복탄력성은 필수입니다

가끔 제 부모님과 어렸을 때 이야기를 할 때면, 매번 등장하는 에피소드가 있습니다. 요즘은 오염 등을 이유로 놀이터 바닥이 특수 재질로 제작되지만, 제가 유치원을 다니던 시절만 하더라도 놀이터는 모두 모래로 덮여 있었습니다. 어느 여름날, 유치원을 마치고 저는 아빠와 함께 놀이터에서 신나게 놀았습니다. 열심히 놀다, 실수로 미끄럼틀 위에서 발을 헛디디는 바람에 아래로 떨어지고 말았습니다. 모래 위에 떨어져 크게 다치지는 않았지만, 놀란 마음에 울먹거리자 아빠는 웃으면서 제게 물었습니다.

"나현아, 괜찮아? 미끄럼틀 재미있지?"

저는 그 질문에 "응!"이라고 대답하며 아무렇지 않은 듯 웃으며 다시 놀았다고 합니다.

저는 제 삶에서 저를 지탱해주는 힘이 바로 낙관적인 성격이라고 생각합니다. 그리고 제 낙관적인 성격은 아빠로부터 형성된 것이 아닌가 싶을 때가 있습니다. 삶을 살아가는 매 순간, 우리는 넘어지고 떨어지게 됩니다. 아무리 넘어지지 않으려고 애쓰더라도, 나의 의지와 노력과는 상관없이 세상이 나를 무너지게 할 때가 있습니다. 그때, 우리를 다시 일어날 수 있게 도와주는 것이 사랑하는 사람과 만든 행복한 추억이라고 합니다. 즐겁고 행복했던 시간을 기억하며 다시 일어나, 툭툭 털고 다시 앞으로 나아가는 것이 바로 '회복탄력성'입니다.

아이들이 자아가 형성되기 전인 초등학교 저학년 시절까지는 학부모의 말을 매우 잘 듣습니다. 하지만 사춘기가 찾아오면서 아이들은 반항하기 시작하며, 또래 친구들과 어울리며 자신이 누구인지에 대하여 정의합니다. 아이들은 자신의 정체성을 찾아가며 부모로부터 완전히 독립적인 인격체가 되기 위하여 앞으로 나아가지만, 부모는 이 때 오묘한 감정을 느끼며 또래와 노는 일에 심취하여 공부하지 않을까 걱정합니다. 그러나 저는 모든 과정이 자연의 섭리이기에 괜찮다고 말합니다. 오히려 사춘기를 겪어야 할 나이에 사춘기를 경험하는 것이 어른이 되어 실수를 돌이키기 어려운 나이에 겪는 것보다 훨씬 좋다며 위로의 말을 전합니다. 결국, 사춘기는 모든 사람이 겪어내야만 하는 시간이기에, 부모는 아이가 건강한 신체와 생각으로 성장할 수 있도록 도와주는 것이 가장 중요합니다.

어릴 때, 어른들이 학창 시절이 제일 좋다는 말을 할 때 이해하지 못하였습니다. 세상이 녹록하지 않다는 말을 아이들에게 푸념처럼 할 때가 있습니다. 인생은 초등학교 운동장에서 아무 편견 없이 뛰어노는 시간처럼 즐겁지만은 않습니다. 인생에서는 공부처럼 모든 과목을 노력으로만 백 점을 받을 수 없습니다. 실제로 8~90%에게 만점을 주는 초등 때와 달리 중학생이 되면 40% 학생이 만점을 받게 됩니다. 그리고 고등학생이 되면 4% 미만으로 떨어집니다. 학년이 올라갈수록 학업 난도는 높아지고 경쟁은 치열해집니다. 꾸준히 만점을 받으며 성장하는 것은 매우 어렵기에. 만점을 받아야만 잘하는 것이라고 세뇌를 받은 아이들은 행복해질 수 없습니다. 만약 만점이 어려운 시기가 찾아오면 자신을 지탱해주던 가치가 무너지기 때문입니다.

초등학교에 다닐 때, 담임선생님께서 흥미로운 이야기를 해주셨습니다. 과거 자신이 만났던 학생의 이야기였습니다. 그 학생은 모든 과목에서 만점을 받아야만 하는 성격이었습니다. 만약 뜀틀을 잘하지 못한다고 하면, 밤새 연습을 해서라도 만점을 받아야만 직성이 풀리는 학생이었습니다. 여기까지만 들으면 학부모들이 이상적으로 생각하는 아이의 모습이라고 생각됩니다. 공부, 예체능, 교우 관계, 모든 것이 우등생처럼 보이니 말입니다. 하지만 안타깝게도 학생은 대학 입시 시험에서 실수하게 되면서, 한 번도 실패한 적이 없는 인생에 금이 가기 시작하였습니다. 그 학생은 마음을 추스르고 재수하였지만, 재수에도 실패하였습니다. 워낙 우수했던 학생이었기 때문에 인근 대학으로 진학할 수 있었지만, 자신이 원하는 상위권 대학이 아니었기에 대학에 진학하지 않고 다시 수능에 도전하였습니다. 이후 연달아 재수에 실패하면서 대학 진학을 고사하고 정신과 치료를 받게 되었다고 합니다.

우리는 살면서 주객이 전도되는 상황을 자주 목격하게 됩니다. 왜 아이들에게 공부를 시키는 걸까, 무엇을 위하여 많은 돈과 시간을 투자하여 공부하게 하는 걸까, 고민해보아야 합니다. 삶에서는 숫자보다 중요한 것들이 많습니다. 아이가 성장기에 배워야 하는 가장 중요한 것은 아이가 장애물을 만났을 때 자신의 감정을 어떻게 헤아리고 해결책을 찾아야 하는지와 넘어졌을 때 어떻게 일어나야 하는지를 배우는 것입니다. 경제적 풍요 속에서 학부모들은 아이들에게 실패를 경험하지 않도록 길을 정하여 닦아줍니다. 하지만 순탄하게만 성장하던 아이들은 예상하지 못했던 인생의 폭풍우 속에서 자신을 잃어버리고 혼란스러워하기도 합니다. 아이들은 인생에서 어떤 시련을 맞닥뜨려도 정신을 바짝 차리고 자신의 몸과 마음을 재정비하여 자신만의 등대를 따라 꿋꿋하게 나아갈 힘을 키우는 것이 가장 필요합니다. 영어를 배울 때에도 똑같습니다. 모두가 알고 있듯, 영어 실력 향상은 매번 상승곡선만을 그리며 올라가지 않습니다. 어느 순간, 자신도 깨닫지 못하는 사이 실력이 훌쩍 올라가기도 하지만, 실력이 향상되지 않는 것 같은 지지부진한 시간을 겪어야만 합니다. 또한, 실력을 향상하기 위해서는 하기 싫은 과제들도 묵묵하게 해내야 할 때가 있습니다. 그 순간, 아이에게 가장 필요한 것이 바로 '회복탄력성'입니다.

가르치던 학생 중, 안타까운 아이가 있었습니다. 아이는 수줍음이 많은 편이지만 똑똑하였습니다. 영어를 늦게 시작하였지만, 기본적인 학습 능력이 뒷받침되어 빠르게 향상되었습니다. 하지만 모두가 찾아오는 시련이 아이에게도 찾아왔습니다. 처음 시련은 바로 영어 말하기였습니다. 자신이 하고 싶은 말은 분명 있지만, 영어로 말하기가 쉽지 않았습니다. 영어로 말하는 것에 자신 없자, 선생님과 일대일로 영어로 말하는 시간은 버거워졌고, 아이는 선생님 탓을 하기 시작하였습니다. 당시 아이를 매우 예뻐하며 지극정성으로 가르쳐주시던 선생님께서는 마음의 상처를 받고, 아이는 저와 수업을 진행하게 되었습니다. 다행히 아이는 영어 말하기의 벽을 넘었지만, 다음 장애물을 만나게 되었습니다. 영어책 단계가 조금씩 올라가면서 자신의 기대만큼 완벽하게 해내지 못하고 자꾸 실수하는 자신을 마주하게 되면서, 아이는 결국 영어책 읽기를 그만두었습니다. 아이는 자신 앞에 넘어야 하는 장애물을 넘기 위하여 있는 그대로의 자신을 인정하고 성장하는 것을 선택하기보다 현실을 외면하고 피해버렸습니다.

저는 영어에서도, 인생에서도 가장 중요한 것이 바로 '회복탄력성'이라고 생각합니다. 오늘은 영어를 못할 수 있지만, 꾸준히 하다 보면 어느 순간 잘하게 됩니다. 제가 미국에 있을 당시, 암벽 등반을 취미로 하였습니다. 암벽 등반을 하면서 저는 삶에 대하여 중요한 진리를 깨달았습니다. 그것은 바로 오늘은 실패하더라도 내일은 성공할 것이라는 믿음이었습니다. 암벽 등반을 할 때, 오늘은 아무리 노력해도 올라갈 수 없었던 코스를 내일은 너무 손쉽게 성공할 때가 있었습니다. 오늘 실패하고 돌아가야만 하는 마음은 매우 아쉽고 씁쓸하지만, 내일 다시 도전하여 성공할 때의 그 쾌감은 잊을 수가 없습니다. 저는 영어도, 인생도 같다고 생각합니다. 오늘은 제대로 된 문장을 영어로 말할 수 없더라도, 내일은 할 수 있습니다. 그렇기에 넘어져도 다시 도전하고, 나가야만 합니다. 영어 역시 오늘은 나를 답답하게 만들고 좌절하게 한다고 하더라도, 내일은 분명 나를 자랑스럽게 할 것입니다. 포기하지 않고 도전하기 위해, 아이들에게 필요한 것이 바로 '회복탄력성'입니다.

자존감이 높아야 다음 단계로 갈 수 있습니다

최근 사회적으로 자존감에 향한 관심이 높아지고 있습니다. 나의 자존감, 엄마의 자존감, 아이의 자존감, 어떻게 하면 자존감을 높일 수 있는지 책도 많이 나오고 강의도 쏟아집니다. 하지만 그런 관심과 노력에도 대한민국 사회에서는 자존감이 높은 아이들로 성장하기에는 너무 어려운 환경이라는 현실이 마음을 아프게 합니다. 자존감은 말 그대로 자신을 존중하는 마음입니다. 스스로 자신이 가치 있는 존재임을 알고, 있는 그대로의 자신을 마주하는 힘이라고 저는 생각합니다. 하지만 아이들은 어릴 때부터 숫자로 자신의 가치를 매기는 습관을 지니고 있습니다.

영어도서관에서의 학습은 영어책을 읽고 나면, 책 내용을 어느 정도 파악했는지를 확인하기 위한 이해도 퀴즈와 책을 읽으면서 새로운 단어를 정확하게 유추했는지 점검하는 단어 퀴즈를 진행합니다. 사실 영어도서관에서 수업으로 진행하는 책들은 아이들이 완전히 이해할 수 있는 쉬운 책들로 수업하지 않습니다. 20%는 선생님과 함께 수업을 통하여 구체적인 내용을 파악하고 학습합니다. 아이들은 정확히 이해하지 못하고 답을 추측한다고 하더라도 무조건 점수에 매달리는 모습을 보여줄 때가 있습니다.

저는 아이들과 수업을 할 때면 누누이 강조하는 것이 하나가 있습니다. 집중하여 최선을 다해 퀴즈에 임하였다고 한다면 열 문제 중 하나를 맞아도 잘한 것이라고 말입니다. 왜냐하면, 틀린 문제는 선생님이 정확히 가르쳐 주시기에 배우면 되지만 대충 찍었을 때, 답을 맞히면 모르고 그냥 지나가게 되기 때문입니다. 하지만 만점과 일등만이 잘했다고 칭찬받는 한국 문화권에서 성장한 아이들은 한 문제라도 틀리는 것을 받아들이지 못하게 됩니다. 이러한 환경은 아이들에게 자신이 정확히 무엇을 알고, 모르는지는 전혀 중요하지 않다는 인식을 심어주게 됩니다. 시험 결과를 집으로 가져갔을 때, 엄마에게 혼날지, 혼나지 않을지가 제일 중요한 문제이기 때문입니다. 저는 그런 아이들의 모습을 볼 때마다, '어쩌면 어른들은 우리 아이들에게 모르는 것을 모른다고 말할 수 있는 마음의 여유조차 주지 않는구나'라는 생각을 하게 됩니다. 아이들은 결국 모르는 것을 모른다고, 어려운 것을 어렵다고 정확하게 말하지 못하게 되면서 배울 기회를 놓치게 되는 것입니다.

영어에서 가장 말하기 어려운 세 단어로 꼽히는 단어로는 'I don't know.'가 있습니다. 그리고 5~8세 사이의 아이들에게 일련의 질문을 던졌을 때, 아이들의 75% 정도가 답을 알지 못했을 때조차 "예" 혹은 "아니오"라고 대답했다고 합니다. 실제로 아이들과 레벨테스트나 첫 수업을 할 때면 모른다고 말하지 못하는 모습이 두드러지게 나타납니다. 타 어학원과 달리 영어도서관에서는 아이들이 자신 아는 영어를 모두 사용해야만 수업할 수 있습니다. 시험에 나오는 지식을 먼저 공부하고 시험을 치는 것이 아니므로, 아이들은 유달리 힘들어할 때가 있습니다. 특히, 즉흥적으로 영어로 말하고 답해야 하는 시간에는 입을 닫아버리는 아이들도 많습니다. 그럴 때면 저는 꼭 이 말을 해줍니다. "네가 만약에 영어를 너무 잘하고 유창하다면 영어도서관을 안다녀도 괜찮아. 여기는 모르니까 배우러 오는 곳이기 때문에 네가 모르면 그냥 편하게 모른다고 말만 하면 선생님이 다 가르쳐줄 거야. 네가 모르는 것을 가르쳐 주는 것이 내 역할이니까, 네가 모르는 것이 많아서 선생님에게 많이 가르쳐 달라고 하면 선생님은 정말 고마워."

라고 말입니다. 이렇게 말하면 아이들은 편한 미소를 보이며 조금씩 입을 열기 시작합니다.

왜 아이들이 모른다고 말하지 못하는 것일까 생각해보았습니다. 답은 간단하였습니다. 이이가 몰라서 질문에 대답을 못하는 순간, 아이들은 어른들에게 혼나거나 친구들에게 무시를 당하기 때문입니다. 학습 상담을 하다 보면, 학부모들은 아이들이 가르쳐준 내용을 매번 잊어버린다고 불평합니다. 영어를 언어가 아닌 수학과 같은 교과목으로 인식하는 학부모들은 자신의 아이가 전날 알려준 단어를 기억하지 못한다며 답답함을 토로합니다. 아이들은 최소 300번 이상 단어를 보면서 인식해야만 장기간 기억하게 됩니다. 하지만 학부모는 아이가 단어를 한 번 보고도 기억하지 못한다고 혼을 냅니다. 그렇기에 아이들은 모르는 사실을 인정하고 배우려는 것보다 당장 혼나지 않기 위하여 아는 척하며 입을 닫아버립니다. 이 과정이 반복되면 아이들은 자존감도 떨어지게 되고, 적극적으로 학습하려는 자세도 잃게 됩니다. 또한, 최선을 다하여 도전하고 실패를 통하여 배우며 성장하는 길보다 어른들이 정확하게 알려준 길만 가려는 소극적 태도를 보이게 됩니다.

아이들은 자신의 가치를 점수에서 찾는 것이 아니라 어떤 조건 속에서도 기복 없는 사랑으로부터 자신의 존재 이유를 찾아내야만 합니다. 자신의 점수가 낮더라도, 자신이 모른다고 하더라도, 자신이 미숙하다고 하더라도, 자신의 가치가 떨어지는 것이 아니라는 사실을 깨닫고 모르는 것을 당당하게 말할 수 있는 용기를 가져야 합니다. 모르는 것은 배우면 됩니다. 하지만 모르는 것을 아는 척한다면 그 순간은 모면할 수 있지만, 실력을 향상하지 못할 뿐 아니라 그런 행동이 쌓이면 나중에는 해결하기 어려운 걸림돌이 됩니다.

결국, 자기효능감이 영어 실력을 올려줍니다

저는 저축과는 상당히 거리가 먼 사람입니다. 그래서 대안으로 생각해낸 것이 바로 주식이었습니다. 주식을 사면 마치 쇼핑을 한 기분이 들었습니다. 주식 매도 후, 현금화까지 시간이 걸리기 때문에 소비 또한 줄일 수 있다고 생각하여 매월 50,000원씩 매수하기 시작하였습니다. 주식을 충분히 공부하지 않은 상태로 큰돈을 투자하는 것은 불안하기도 하였기 때문에, 내가 커피를 사 마셨다고 생각할 수 있는 정도의 금액으로 정하였습니다. 그렇게 주식을 45,000원치를 매수하고, 5,000원을 벌고 나니 자신감이 생겼습니다. 사람 마음이 참 신기한 것이 스타벅스에서 커피 한 잔 마시면 사라질 돈이었지만, 작은 승리를 하고 나니 다음 싸움에도 승리할 것 같은 자신감이 생겼습니다. 적은 돈이었지만, 원하는 수익률까지 기다리는 데 오랜 시간이 걸렸습니다. 하락장에서 파란색으로 변하는 차트창을 바라보아야만 했고, 원금까지 회복하여 빨간색으로 변하기까지는 기다림의 연속이었습니다. 내가 원하던 금액까지 치고 올라오기까지 저는 인내심으로 공부하며 시장을 지켜봐야만 했습니다. 제가 할 수 있는 것은 내 마음을 진정시킬 공부를 하는 것뿐이었습니다.

문득 영어도 똑같다는 생각이 들었습니다. 오늘의 작은 성공들이 모여, 우리는 영어를 잘하게 됩니다. 우리는 쉽고 작은 것들은 너무 가볍게 생각하는 경향이 있습니다. 큰 목표만을 쫓으며 큰 목표로 이루기 위해 해야만 하는 작은 목표들을 아무렇지 않게 치부하는 것입니다. 자기 계발을 열심히 한다는 어른도, 자신이 자고 일어난 후 침대를 정리하지 않는다든지, 오늘 해야 할 일을 마무리하지 않는 등, 하루 일상에서 일어나는 작고 사소한 목표들을 무시하고 넘기는 모습을 흔히 볼 수 있습니다. 이처럼, 아이들 역시 이번 방학 동안 해리포터를 원서로 읽는 것은 매우 크고 좋은 목표이지만, 해리포터를 원서로 읽기 위한 준비 과정인 다양한 영어책을 읽는 습관을 잡는 것과 더 정확하게 이해하기 위해 해리포터 번역서를 꼼꼼하게 읽는 것을 가볍게 넘겨버리는 것입니다.

제가 10년간 영어도서관에서 근무하면서 제일 자신 있는 것 중 하나가 챕터북을 읽는 아이들을 방학 동안 원서로 해리포터를 읽혀 아동문학을 원서로 읽을 수 있도록 도와주는 것입니다. 해리포터에 도전하기에 앞서 아이들에게 한국어로 먼저 이야기를 꼼꼼하게 읽을 수 있도록 지도합니다. 해리포터에는 기존에 읽던 이야기책에 비해 등장인물이 많고, 실존하지 않는 다양한 마법 용어들이 나오기 때문에, 한국어로 읽으면 아이들은 내용을 헷갈리지 않고 수월하게 따라갈 수 있습니다. 또한, 저 역시 고등학교 때 스페인어 공부를 위하여 채 게바라 위인전을 스페인어로 쓰인 원서와 영어 번역서를 서로 비교하며 읽었습니다. 교재를 통하여 언어를 접하는 것보다 스페인어가 생동감 있고 현실적으로 느껴지며 빠르게 향상되는 것을 경험했습니다. 그 경험을 토대로 아이들에게도 적용했습니다. 제 지도를 따라 읽었던 아이 대부분은 흥미로운 이야기에 한 번 매료되고, 어렵게만 생각했던 해리포터를 원서로 직접 읽으며 느낀 성취감으로 한 단계 도약할 수 있었습니다. 원서에 나오는 단어를 모두 외우거나 공부하고 난 후, 알고 있는 상태에서 읽으려고 한다면 시작조차 어렵지만, 한국어로 먼저 읽으면 단어 뜻을 자연스럽게 유추할 수 있으므로 아이들은 수월하게 완독할 수 있습니다. 하지만 이때, 해리포터를 원서로 읽고 싶은 마음만 있는 아이들이 있습니다. 원서로 읽기 전에 해야 하는 노력은 하지 않습니다. 원하는 것을 얻기 위하여서 하기 싫은 일도 기간 내에 해내는 연습을 하지 않은 아이들은 무턱대고 도전을 하기도 합니다. 하지만 기본적인 준비를 하지 않은 아이들은 중도에 포기하며, 영어 실력 향상의 기회를 놓치게 됩니다.

　영어 단어를 공부할 때에도 비슷합니다. 영어를 시작한 지, 1년쯤 되던 초등 2학년 아이가 있었습니다. 저와는 알파벳부터 함께 시작하였습니다. 아이는 한국어 역시 늦게 트였기 때문에, 영어 역시 천천히 향상되는 모습을 보여주었습니다. 하지만 아이가 영어를 편하게 읽게 되자, 아이도 욕심이 생기기 시작하여 열심히 따라와 주었습니다. 미국 초등학교 1~2학년이 읽는 책들을 소리 내서 잘 읽어냈지만, 단어가 걸림돌이 되었습니다. 원서에 나오는 단어들은 아이가 공부하기 어려워하여 어머니께서는 아이가 편하게 공부할 수 있는 쉬운 단어들을 요청하셨습니다. 저는 초등 저학년인 아이가 소화하기 버거운 단어를 공부하는 것보다 일상생활에서도 많이 들어본 단어부터 익숙해지기 시작하여 조금씩 난이도를 올리는 것이 좋다고 판단하여 중학 기초 단어를 추천했습니다. 단어장 처음에는 hello나 am과 같은 아이가 잘 알고 있는 단어들로 구성되어 있었습니다. 하지만 쉽고 익숙한 단어 100여 개를 익히고 나면 점차 낯선 단어들을 익혀야 하기에 더 집중력을 요구하게 됩니다. 처음 단어 몇 개를 본 어머니는 단어가 너무 쉬워 아이에게 맞지 않는다며 시작하기를 꺼렸습니다. 다행히 어머니는 저와 상담 후, 하루에 10개씩 차근차근 공부하며 진행하는 것으로 결정하였습니다.

만약 아이가 주어진 영어 단어를 공부하는 것을 지속해서 버거워하면 아이는 영어에 대한 좌절감을 경험하게 됩니다. 하지만 아이가 경험하는 좌절감을 학부모가 공감하고 이해하며 극복할 수 있게 도와준다면 또 한 번의 성장의 기회를 얻게 되지만, 그렇지 못하고 아이에게 제대로 집중하지 않는다고 윽박지르게 된다면 아이에게 영어는 너무나 어렵고 힘든 분야가 되어버리고 맙니다.

"왜 아이들이 영어를 두려워하거나 싫어할까?"를 고민해보았습니다. 왜 아이들은 영어를 어려워하는지 생각해보니, 아이들이 영어를 공부할 때면 항상 실패를 맛보아야 하기 때문이었습니다. 영어를 통해 칭찬을 받고 자신의 가치를 인정받는 것이 아니므로 아이들은 영어를 피하고 싶은 것이었습니다. 역으로 아이들이 영어를 더 연습하도록 하기 위해서는 작은 성공들에 대한 칭찬과 인정이 따라야만 합니다. 영어도서관에 다니는 아이들의 학부모들은 종종 의아해하면서 제게 물어봅니다. 영어도서관에서의 학습을 아이들이 재미있다고 표현하는 것이 신기하다고 말입니다. 즐겁게 놀면서 영어를 공부하는 것이 아닌 영어책을 읽고 독후감만 쓰는데, 무엇이 재미있는지 이해가 되지 않는다고 말입니다. 지금 생각해보면, 아이들은 단순합니다. 하나를 해도 열을 한 듯 칭찬을 많이 해주면 아이들은 성취감을 느끼고 의욕을 보입니다. 저는 늘 칭찬을 아끼지 않고 진정성 있게 아이들을 사랑하고 보듬어 주는 것이 학습 의욕을 고취해주는 최선의 길이라는 신념을 가지고 아이들을 대합니다. 아이들이 잘하든, 못하든, 작은 하나라도 열심히 하면 칭찬과 인정을 받는 것이 그들에게 매우 즐거운 일이기에 영어도서관에 오는 것을 좋아하는 게 아닌가 하고 생각합니다.

　모든 원대한 목표는 작은 성공들로 이루어져 있습니다. 작은 성공들이 한 곳으로 모여진다면, 우리는 날아오를 수 있는 '기술'을 연마할 수 있게 되고 그와 더불어 '운'도 따라오게 됩니다. 아이들 영어 역시, 작은 성공들이 모이면 크나큰 가능성을 열 수 있게 됩니다. 작은 성공들로 자신의 가능성을 경험한 아이들은 더 크게 성장한 자신을 마주하기 위해 노력하게 됩니다.

어제의 나, 오늘의 나, 내일의 나

영어도서관에서 일하기 전에는 학원의 역할을 단순 사교육으로만 생각하였습니다. 하지만 직접 일하며 많은 학부모와 상담을 진행하면서 학원은 단순한 사교육 서비스를 제공하는 공간이 아니라, 맞벌이 학부모들이 회사에서 일하는 동안 아이들을 돌보는 역할도 함께 포함되어 있다는 사실을 알게 되었습니다. 최근 맞벌이 인구가 늘어나면서 아이들은 모든 여가 활동 역시 학원을 통하여 해결합니다. 가장 신기했던 학원이 생활 체육 학원과 줄넘기 학원이었습니다. 제가 초등학교에 다닐 당시만 하더라도 아이들이 축구나 농구를 하고 싶으면 하고 싶으면 방과 후 친구들끼리 남아서 공을 가지고 놀지만, 이제는 시간을 맞추어 학원에 갑니다. 따라서 요즘 아이들이 학원에 다니는 이유가 단순히 예체능이나 학과목을 더 배우기 위한 것이 아니라 친구를 만나러 가기도 합니다. 아이들은 방과 후에도 학원 일정으로 가득 차 있습니다. 학교에서의 교우 관계가 학원으로까지 이어지게 됩니다. 하지만 같은 지역끼리 배정을 받아오는 학교와 달리, 학원은 다양한 배경을 가진 학생들이 모이다 보니 더 넓은 세계를 마주할 수 있게 되기도 합니다. 대부분 학원은 시험을 통해 점수로 반을 나누기 때문에, 아이들은 점수에 더욱 민감하게 반응하기도 합니다. 친구들은 모두 월반하였지만 혼자 재수강을 해야 하는 경우가 생기기 때문입니다. 타의에 의한 경쟁을 통하여 아이들은 잘못된 비교의식을 가지게 되기도 합니다.

한국 사회는 너무 비교에 익숙해져 있습니다. 명절이 되면 친척들이 형제끼리, 사촌끼리 비교를 하기 시작합니다. '엄친아'라는 단어가 표현하듯, 우리의 일상 속에는 비교가 너무 당연하게 들어와 있습니다. 비교를 통하여 자신의 위치를 파악하기에 자연스럽게 타인을 통하여 자신을 보는 방법을 배웁니다. 하지만 아이들은 비교를 통해 더욱 성장하려고 하는 다짐을 하기에는 너무 어리고 연약합니다. 오히려 왜곡된 승리감이나 패배감에 젖어 들기 쉽습니다. 자신의 위치를 파악하는 과정에서 자신은 빠진 채, 타인을 동경하거나 후려치는 것만 남게 됩니다.

저는 아이들에게 절대 하지 못하게 하는 말이 있습니다. "선생님, 저 친구는 뭐 읽어요?" "난 이거 옛날에 다 읽었는데, 완전 쉽겠다. 부럽다." 등과 같이 자신의 과제가 아닌 타인의 과제에 대하여 언급하는 것을 못 하도록 훈육합니다. 아이들은 한국 문화 속에서 자연스럽게 타인과 비교하면서 우월감 혹은 열등감을 느끼다 보니, 영어도서관에서 자신보다 못하는 친구들이 있으면 꼭 한마디씩 하며 우월감을 느끼고자 할 때가 있습니다. 말을 뱉음으로써 자신의 위치를 공고히 하는 것입니다. 저는 그 말 한마디를 무척이나 싫어합니다. 굳이 하지 않아도 괜찮은 말이나 친구에게 열등감을 주는 대신 자신이 우월감을 느끼는 말과 같이 아이들은 자신이 무슨 말을 하는지 정확하게 모르지만, 본능적으로 그 말의 의미는 알고 있습니다. 그렇기에 그 말을 할 때는 하지 못하도록 정확하게 지도합니다.

아이들과 수업을 할 때면 항상 강조하는 것이 있습니다. '옆 친구가 무엇을 하든 너와는 상관이 없다'라는 사실입니다. '옆 친구가 소설책을 읽든, 그림책을 읽든, 옆 친구는 자신의 길을 가는 것이지, 너에게 어떤 영향도 미치지 않기에 너는 어제의 너 자신과 싸우는 것'이라고 말해줍니다. 어제의 나보다 하나라도 더 잘하면 성장한 것이기에 모든 것이 괜찮다고 지속해서 이야기해주면서 자신감을 북돋아 줍니다. 아이들은 가정에서도, 학교에서도 반복되는 비교에 익숙해져 있어 숫자에 집착하기도 하고, 옆 친구의 시선이나 단계를 신경 쓰기도 합니다. 자신이 잘하지 못한다고 생각하면 필요 이상으로 의기소침해지기도 하고, 할 수 있는 과제를 회피하고자 하기도 합니다. 아이들이 자신에게 집중하여 목표를 향해 나아갈 수 있도록 하기 위해서는 어제보다 더 발전된 오늘이라면 괜찮다고 알려주는 것입니다.

  그림책 마지막 단계를 읽던 아이였습니다. 아이는 그림책은 충분히 잘 소화해나가는 편이었으나, 그다음 단계인 챕터북으로 넘어가는 것을 극도로 꺼렸습니다. 그림이 얼마 없고 글이 너무 많다는 이유에서였습니다. 하지만 아이에게 무한한 칭찬과 격려로 아이는 첫 시도를 하였습니다. 처음 읽고 이해도 퀴즈 결과를 가져오는 아이의 어깨에서 속상함을 느낄 수 있었습니다. 10문제 중 4문제를 맞았기 때문이었습니다. 하지만 저는 큰소리로 웃으면서 칭찬해주었습니다. 처음 읽는 형식의 책이었지만, 길어진 문제의 답을 찾기도 헷갈렸을 퀴즈에서 4문제나 맞췄다고 좋아해 주었습니다. 아이는 의아한 표정으로 자신이 너무 못했으며 책이 어려웠다고 이야기를 하였습니다. 하지만 저는 아이에게 너무 잘했고 잘하고 있으니 점수에는 크게 신경 쓰지 말라고 알려주며 대신 다음 책은 1문제 더 맞추도록 노력해보자고 조언하였습니다. 아이는 마음이 편해졌고, 영어로 책 내용을 술

술 말하기 시작하였습니다. 그렇게 한 권에 한 문제씩 더 맞히기 위해 노력하였고, 아이는 어느새 챕터북 읽는 것에 적응하여 영어로 생각을 말하고 요약을 적어내는 모든 독후활동을 너무나 편하게 진행하고 있습니다. 만약 제가 아이에게 다음에는 다 맞자는 목표를 제안했다면 아이는 포기했을 수도 있습니다. 40점에서 100점으로 가는 것은 결코 쉬운 일이 아니기 때문입니다. 하지만 아이가 할 수 있는, 약간의 노력만 하면 이뤄낼 수 있는 목표를 정해주고 응원할 때 아이는 목표를 이뤄내게 됩니다. 어제보다 발전된 나, 그리고 오늘보다 성장할 자신에 집중하여 앞으로 나아가는 것입니다.

아이들은 아직 자아가 형성된 것이 아니므로 자신이 어디서부터 어떻게 시작했는지, 모두 잊어버립니다. 그렇기에 일상의 모든 기준이 옆 친구에 맞춰져 있는 경우가 많습니다. 아이들은 눈에 보이는 기준을 가지고 비교를 해서 오히려 더 조급해지기도 하고, 좌절감에 빠지기도 합니다. 이때, 어른들은 아이가 자신에게 오롯이 집중하여 매일의 성장을 이룰 수 있도록 도와주어야 합니다. 절대 옆집 아이와 비교하지 말아야 합니다. 아이는 스스로 자신의 성장에 집중할 때, 높은 자존감도 유지할 수 있으며, 영어도 잘할 수 있게 됩니다.

매일, 매일, 조금씩

처음 미국 유학을 떠난 17살 이후, 저는 영어와 떨어져 지낸 적이 거의 없었습니다. 대학에서도 영문학을 공부하였고 한국에 돌아와서도 영어책을 활용하여 영어를 가르쳤습니다. 제 삶의 반을 영어와 함께 동고동락하면서 가장 후회되는 점이 하나 있습니다. 제가 애용하던 영어사전 사이트인 dictionary.com에서 오늘의 단어로 제시해주는 단어를 매일 하나씩 외우지 않았던 것입니다. 만약 유학을 시작하던 시기부터 단어를 하루에 하나씩 외웠더라면, 지금까지 대략 6천여 개가 넘는 단어를 알고 있게 됩니다.

영어도서관에 있으면 가장 많이 듣는 질문 중 하나가 단어에 관한 것입니다. 다른 영어 학원은 하루에 30개씩 외우도록 한다고 하는데, 영어도서관에서는 많아야 10개 정도 진행하니 공부를 시켜야 하는 학부모로서는 걱정이 되셨던 것입니다. 저는 영어 단어를 생각하면 예전에 자기계발서에서 자주 언급되던 '개구리 삶는 법'이 떠오릅니다.

개구리를 그냥 뜨거운 물에 바로 넣게 되면 개구리가 놀라 뛰어오르지만, 미지근한 물에 넣어 점차 온도를 높이면 개구리는 물이 뜨거워지는 것도 모른 채 삶겨져 죽는다는 내용입니다. 물론, 과학적 근거가 없다고 결론이 났지만 저는 영어를 학습하는데 이 방법이 매우 유용하다고 생각합니다. 영어도서관에서 아이들을 만날 때면, 실제로 뜨거운 물에 바로 넣어진 개구리처럼 놀란 마음을 부여잡고 영어 학원을 그만둔 경우가 많기 때문입니다. 아이의 나이나 역량, 성격을 고려하지 않은 채, 많은 양의 단어와 숙제를 진행하는 것입니다. 처음에는 아이들이 따라가는 듯 보이다가도 아이의 한계점을 넘어서는 순간, 아이는 버티지 못하고 나가떨어지게 되는 것입니다.

영어도서관에서 근무하면서 느낀 것은 어른들이 영어에 대하여 얼마나 조급한 마음을 가지고 있는가 하는 것입니다. 아이들의 성장에 대한 학부모들의 인내심이 얼마나 부족한지 참으로 절실하게 느끼게 되었습니다. 영어를 완전 처음부터 시작한 초등학교 2학년을 가르친 적이 있었습니다. 이 아이는 영어를 처음부터 시작할 뿐만 아니라 체계적인 영어 학습 자체를 처음으로 시작했기 때문에, 기본적인 수업 자세와 집중력을 키우는 것이 매우 중요하였습니다. 저는 아이를 붙잡고 3개월간 열심히 파닉스를 가르치며 영어책을 읽혔습니다. 그리고 아이는 긴 단어는 아니지만, 기본적인 단어는 자연스럽게 읽을 수 있게 되었습니다. 저는 매우 뿌듯한 마음으로 아이의 어머니와 상담을 진행하였으나, 돌아온 어머니의 대답에 말문이 막혔습니다. 어머니는 아이가 유창하게 영어를 읽지 못한다고 불만을 표현하였던 것입니다. 저는 어떤 대답을 해야 할지 몰라, 잠시 멈춰있다 정적을 깨고 그 이유를 설명하였습니다. 아이에게 가장 적절한 맞춤 학습을 진행하는 것이 중요하며 진도만 빠르면 아이가 제대로 배우지도 못하고 오히려 학습 의욕이 떨어질 수 있고, 심하면 영어를 포기할 수도 있는 부작용만 생긴다고 설명하였습니다. 다행히 어머니는 저의 설명을 잘 이해하였고, 저는 제가 계획한 학습 단계와 진도에 따라 아이에게 맞는 수업을 진행할 수 있게 되었습니다. 그리하여 저의 계획에 따라 꾸준히 학습한 결과 다음 단계로 도약할 수 있었습니다.

와이즈리더 영어도서관 대표 원장님과 학습 단계와 진도에 관한 논의할 때마다 이런 빠른 진도만을 원하는 조급한 학부모에게 어떻게 설명하여 이해시켜야 할지 난감하다며 서로 답답함을 호소하기도 합니다. 3개월 만에 영어를 유창하게 읽게 되고 6개월 만에 자유롭게 회화가 가능하다고 하면, 우리나라는 영어 교육에서부터 자유로울 것입니다. 어쩌면 영어 사교육은 이런 학부모의 환상을 먹고 자라는지도 모릅니다. 굳이 초등학생이 해내기 어려운 토플 등으로 커리큘럼을 구성하는 것도 영어에 대한 막연한 환상을 자극하는 것으로 생각합니다.

벽돌을 쌓는 방법으로는 순수한 육체적인 힘을 사용하느냐, 기계를 사용하느냐, 어느 것이 편하고 빠른가를 생각할 때, 당연히 기계를 사용하는 것이 빠릅니다. 영어공부에서 힘에 해당하는 것이 단어와 문법에 의존하는 것이고 기계를 사용하는 것이 영어책 읽기라고 저는 생각합니다. 그만큼 단어와 문법에 너무 매달리면 힘만 들고 능률은 오르지 않는다는 것입니다. 영어책을 읽으면 언어적 감각, 즉 뉘앙스라든지 현실에서 사용되는 실제적인 쓰임새라든지 이러한 것들을 충분히 얻을 수 있습니다. 단순히 단어만 암기하는 공부에서는 얻을 수 없는 것들입니다. 또한, 단어와 문법에 지나치게 의존하면 단어 따로 문법 따로 모두 따로 놀게 되어 자연스러운 연결이 매우 어렵게 됩니다. 그러한 식으로 영어 공부하여 굳어 버리게 되면 실제 책을 읽거나 대화나 뉴스 청취 등에서 물 흐르듯이 연결되는 것이 아니라 문장을 단어와 문법으로 자꾸 분석하려고 하여 실질적인 영어를 읽는 것을 방해하여 난독증과 같은 증세를 보이게 됩니다.

언어는 느낌이나 감정, 환경에 따른 의미 등 매우 복잡한 정서가 있습니다. 단순히 영어 단어에만 나오는 뜻만으로 해석되지 않습니다. 언어가 가지는 독특한 정서를 학습하고 이해할 수 있게 해주는 가장 좋은 방법이 영어책을 꾸준히 읽는 것입니다. 영어책을 읽으면 문장 구조, 단어의 살아있는 의미, 행간의 의미, 문단의 핵심어, 독해, 고전 및 현대 문학 읽기 등 다양한 것을 배울 수 있기 때문입니다. 영어책만 읽으면 당장 나오는 숫자, 즉 점수나 단계가 없으니 아이가 영어를 공부하는지, 안 하는지 알 수 없습니다. 하지만 아이가 그림책을 읽고 챕터북으로 넘어가는 순간, 영어 실력은 가속도를 붙어 순식간에 해리포터 정도는 순식간에 읽어 내려갈 수 있게 되는 것입니다.

한국이 개발도상국이었을 때에는 엉덩이 힘과 무조건 외우는 주입식으로 '부의 추월차선'에서 말하는 피라미드를 쌓을 수 있다고 생각하였습니다. 하지만 50년의 세월 동안 해본 결과, 우리는 영어를 배웠지만 사용할 수 없다는 사실을 깨닫게 되었습니다. 조기 유학, 영어유치원 등 기존의 틀을 깨기 위해 다양한 방법들이 제시되고 있지만 모든 방법이 어쩌면 개발도상국 시절, 의지를 다지고 피를 토할 때까지 최선을 다하면 단기간에 무엇이든 이룰 수 있다는 신념에서 나온 것은 아닌지 한 번은 생각해봐야 합니다. 단기간에 결코 영어를 완성할 수 없기 때문입니다.

하나를 알아도 정확하게

제가 미국에서 유학할 때, 들었던 설교 말씀 중에 가장 기억에 남는 말이 있습니다. 그것은 바로 사람들은 "be needed, known, and loved"가 충족되어야 행복하다는 사실입니다. 아이들을 대할 때, 항상 기억하려고 노력합니다. 아이들은 어리기 때문에 본능적으로 자신의 존재를 타인에게 각인시켜 사랑받고 인정받고 싶어 합니다. 하지만 아이들은 방법을 잘 모르기 때문에 자신이 할 수 있는 다양한 방법을 동원합니다. 그중 하나가 바로 "아는 척"입니다.

한국 사회에서는 유독 똑똑한 아이를 좋아합니다. 방송을 틀면 연예인의 자녀가 영재인지, 아닌지에 대하여 서로 입바른 칭찬을 합니다. 미취학 아동이 나라와 수도를 맞추고, 다양한 과학과 역사적 지식을 자랑할 때면 우리 아이가 천재는 아닌지 고민하며 관심을 가지기 시작합니다. 어릴 때부터 아는 것을 통하여 인정받는 한국 문화에서 성장한 아이들은 제대로 이해하지 못하더라도 자신의 존재를 인정받기 위하여 '아는 척'을 하고 넘어가려는 경우가 많습니다. 또한, 자신 앞에 주어진 학업들을 빨리 끝내기 위하여 대충하는 때도 많습니다. 그렇게 아이들은 정확하게 알지도 못하면서 마치 아는 것으로 착각하며 학습 진도를 빠르게 진행합니다.

아이들을 가르칠 때, 가장 큰 부작용이 바로 이 점입니다. 하나를 정확하게 이해하기 위하여 아이들은 고민해본 적이 없기에 바로 답이 나오지 않고 해결되지 않는 문제들을 마주하게 되면 차분히 읽어 내려가며 생각하는 것이 아니라 화를 토하거나 눈물을 흘리며 답답해합니다. 학습은 단순한 지식을 암기하는 것으로 끝나는 것이 아닙니다. 아이들은 주어진 정보를 단순히 기억하는 것을 넘어서, 이해하고 응용하여 삶에 적용하여 자신의 것으로 재창조하는 과정에서 아이들의 지능이 발달하게 됩니다. 학습은 속도전이 아니라 누가 얼마나 정확하게 기본을 지키며 단계를 밟아 나가느냐가 매우 중요한 싸움입니다. 하지만 압축 경제 성장을 이룬 대한민국에서 너무 속도전에만 익숙하여, 아이가 주어진 정보를 암기하고 시험에서 통과하면 모든 것을 알고 있다고 임의로 판단하여 진도를 나아갑니다. 그리고 정확하게 학습 과정을 거치지 않고 나간 진도에 대한 대가는 상급 학교로 진학하였을 때, 더욱 혹독하게 치러내야만 합니다.

국어책을 매일, 꾸준히, 많이 읽도록 해주세요

영어도서관에서 10년의 세월을 보내면서 재미있는 변화가 있었습니다. 10년 전, 제가 영어도서관에서 아이들과 처음 만났을 때는 모든 페이지에 삽화가 있는 그림책에서 단어 수가 늘고, 삽화가 줄어드는 챕터북으로 넘어가는 것을 어려워하지 않았습니다. 독서량이 쌓이기만 하면 어렵지 않게 삽화가 줄고 단어 수가 늘어나도 읽어낼 수 있었습니다. 하지만 최근 아이들은 챕터북을 넘어가는 것을 상당히 어려워합니다. 아이들이 한 번에 챕터북 한 권을 읽어내는 것을 버거워하므로, 한 권을 반으로 나누어 2번으로 진행합니다. 최근에는 당연한 순서처럼 그림책에서 챕터북으로 넘어갈 때는 한 번에 완독하는 것이 아닌 나누어 진행하는 방향으로 바뀌게 되었습니다.

아이들에 대해 상담을 하면서 학부모들에게 물었습니다. 아이들이 한국어책을 많이 읽느냐는 질문에 제대로 대답을 하지 못하는 것을 볼 수 있었습니다. 최근 스마트폰과 다양한 디지털 기기의 발달로 인하여 아이들은 확실히 책과 멀어졌기 때문입니다. 특히, 코로나 기간을 지나면서 아이들이 학교에 다니면서 잡혔어야 하는 기본적인 습관들이 흔들리게 되면서 더욱 상황은 나빠졌습니다. 이제는 아이가 가정에서 책을 읽지 않기 때문에 학원에서 독서를 진행해야만 하는 상황이 왔습니다. 더욱 재미있는 것은 아이들이 어리면 어릴수록 모국어인 한국어책을 많이 읽어야 하지만, 영어를 더욱 모국어처럼 구사하도록 키우기 위해 한국어책을 읽는 것보다 영어책을 읽는 것에 더욱 집중한다는 점입니다. 아직 한국어도 제대로 읽고 쓰지 못하는 아이들에게 영어부터 하도록 하는 것은 첫 단추를 잘못 끼우는 일이 됩니다.

한국에서 성장하면 너무나 자연스럽게 큰 노력을 요구하지 않더라도 한국어를 읽고 쓸 수 있게 됩니다. 하지만 영어는 아무리 공부하고, 노력해도 완성되지 않는 큰 산에 불과하였기 때문에 우리는 아이의 교육에 있어 영어에 큰 고민을 하게 됩니다. 한국어는 너무나 당연하게 주어지는 "모국어"이기 때문에 노력하지 않아도 괜찮다고 생각합니다. 사실 여기에서부터 시작이 잘못된 것입니다. 너무나 당연한 모국어가 얼마나 탄탄한지에 따라 외국어인 영어 실력이 좌지우지되기 때문입니다. 낮은 단계에서는 모국어보다 영어를 훨씬 잘하면서도 성장할 수 있습니다. 하지만 점점 고차원적인 사고를 요구하는 글을 읽어야 하거나 풍부한 표현을 요구하는 글을 써야 할 때는 결코 외국어인 영어의 실력이 모국어인 한국어의 실력을 넘어설 수 없습니다. 언어는 결국 모국어 실력을 기반으로 세워지기 때문입니다.

제가 J를 만나기 전까지만 하더라도 영어 학습에서 모국어인 한국어가 크게 중요하지 않다고 생각하였습니다. 하지만 J와 수업을 진행하고 난 뒤, 모국어 실력이 영어에 얼마나 큰 영향을 미치는지 실감할 수 있었습니다. J라는 아이는 제가 유독 아끼던 아이였습니다. J는 매우 성실하고 선생님이 주는 지도를 요령 없이 성실하게 해내는 친구였습니다. J가 초등학교 5학년이 올라갔지만, 챕터북을 한 번에 읽어내는 것을 상당히 버거워하였습니다. 챕터북을 반씩 나눠 읽을 때는 이해도가 상당히 높았지만, 한 번에 읽어낼 때는 이해도가 현저히 떨어졌습니다. 처음에는 단순히 챕터북에 익숙해지지 않았기 때문이라고 생각하여 더 많은 양을 읽을 수 있도록 도와주었습니다. 챕터북으로 수업을 진행하더라도 한가한 시간에는 그림책을 더 많이 할 수 있도록 지도해주었습니다. 하지만 너무 안타깝게도 J는 챕터북 한 권을 소화해내는 것을 힘들어하였습니다. 오랫동안 고민을 하다, 국어를 손보기로 하였습니다.

　J에게 서울대 필독 도서 목록과 독후감 공책을 준 뒤, 매주 한 권씩 읽고 독후감을 적어오라고 지도하였습니다. 평소 성실하고 요령이 없던 J는 제가 내준 숙제에 대해서 불평하지 않고 해왔습니다. 사실 초등학생이 서울대 필독 도서를 읽어내기는 쉽지 않았지만, J는 선생님과 하기로 약속을 지키기 위해 할 수 있는 최선을 다했습니다. 그렇게 한 달이 지나고 신기한 일이 일어났습니다. J는 챕터북을 읽어내는 것을 더는 어려워하지 않았습니다. 그리고 지금까지 읽었던 독서량이 단단해진 한국어체계 위에 쌓여 실력이 빠른 속도로 향상되었습니다. 6개월이 넘도록 챕터북을 반씩 나눠 읽었지만, 한국어 독후감 숙제를 하고 난 뒤 소설로 가는 것은 3개월도 걸리지 않았습니다.

　J를 가르치고 난 뒤, 아이들을 가르칠 때면 아이의 한국어 실력을 확인하여 향상하는 데 먼저 집중합니다. 사실 한국어 실력을 잘하지 못해서 성과가 잘 나오지 않는 것은 초등 저학년 때에는 크게 느끼지 못합니다. 하지만 본격적인 학습을 시작하는 초등 고학년부터는 밑 빠진 독에 물을 붓는 느낌이 나기 마련입니다. 학원도 다니고 공부도 많이 하는 듯하지만, 그에 상응하는 결과가 없습니다. 모국어 기반이

약하여 학습을 따라가지 못할 때는 학습 솔루션을 찾기가 상당히 어렵습니다. 왜냐하면, 우리는 "한국인"이 "한국어"를 못해서 학습을 못 따라갈 것이라고 감히 생각도 못하기 때문입니다. 그러므로 애먼 학습량과 학습법만 탓하며 학원을 이곳, 저곳으로 옮겨 다닙니다.

최근 몇 년간 교육계에서 쟁점이 되는 키워드가 있습니다. 그것은 바로 "문해력" 입니다. 결국, 모든 학습의 기반은 모국어를 기반으로 한 문해력 위에 쌓이게 됩니다. 결국, 마지막 결전의 날에 아이가 이기는 교육을 하고 싶다면, 한국어책을 많이 읽히는 것은 절대 놓쳐서는 안 됩니다.

공부의 힘은 아귀에서 나옵니다

저는 아날로그를 사랑합니다. 아무리 책이 무겁고 들고 다니기 번거롭다 하더라도, 꼭 종이책으로 읽습니다. 휴대전화로 일정 관리를 하기도 하지만, 종이와 펜으로 일기를 쓰고 할 일을 정리합니다. 사실 제 모든 일상에서 손끝으로 느끼는 행위는 매우 중요합니다. 제가 어릴 때, 아빠가 제게 한국인들이 지능이 높고 손기술이 좋은 이유가 바로 무거운 쇠젓가락을 사용하기 때문이라는 이야기를 해주었습니다. 무거운 쇠젓가락을 사용하기 때문에 손끝의 감각이 발달하고 아귀힘이 좋아져서 지능이 높아진다는 것이었습니다. 아빠가 어떤 과학적인 근거로 이야기하는지, 지나가다가 읽은 신문 기사를 제게 전달하는지 정확하게는 알 수 없었지만, 어린 저에게 매우 논리적으로 다가왔고 저는 그 말을 곧이곧대로 믿었습니다. 아무리 디지털이 발달하여 노트 필기를 태블릿PC에 한다고 하여도 저는 종이에 연필이나 펜으로 직접 힘주어 쓰지 않으면 제 머리로 잘 들어오지 않는 기분이 들었습니다. 그러기에 아이들을 가르칠 때도 종이에 연필로 써 내려가는 것을 강조합니다.

점차 디지털이 발달하면서 아이들은 종이와 멀어지고 있습니다. 영어도서관에서는 기본적으로 영어책을 읽고 독후감을 적어야만 합니다. 이야기에 맞는 줄거리와 논리적으로 자기 생각을 정리하여 종이에 적습니다. 하지만 아이들은 이 과정을 상당히 고통스러워합니다. 특히 코로나로 인하여 학습 공백이 있는 아이들일수록 책을 읽어내는 과정까지는 여차여차 해내지만, 그 뒤에 이어지는 읽은 내용에 대하여 깊이 있게 생각하고 떠오른 생각들을 자신만의 단어로 정리하여 표현하는 과정을 매우 힘들어합니다. 어릴 때부터 교과서를 정독하고 요점을 정리하여 필기하는 연습을 하지 않고, 학원 선생님들이 나눠주는 요약본을 외워 문제만 맞히는 연습을 한 아이들은 응용할 수 없는 지식만 늘려가게 됩니다. 외워야 하는 지식을 재가공하여 표현하는 과정을 통하여 제대로 이해하지 않고 외우기만 한 아이들은 학년이 올라갈수록 학습에 어려움을 느낍니다.

이제껏 많은 매체에서 아이들의 문해력을 다루면서 독서가 교육의 키워드로 등장하였습니다. 또한, 엄마표 영어의 성공 사례가 늘어나면서 엄마표 영어를 주제로 한 블로그와 인스타그램이 등장하면서 "영어책 천 권 읽기"와 같은 다독에 관한 관심이 높아졌습니다. 하지만 실제로 "다독"에 집중한 학부모들이 찾아올 때 가장 큰 고민이 바로 영작입니다. 아이들이 쓰는 행위 자체를 거부한다는 고민이었습니다.

초등학교 2~3학년이 되면 아이들이 써야 하는 분량도 늘어나게 됩니다. 한국어를 읽는 연습을 어느 정도 하고 나면 점차 학습적으로도 쓰는 분량이 늘어나게 됩니다. 하지만 아귀힘이 없는 아이들은 점차 쓰는 행위와 멀어지게 됩니다. 쓰기를 싫어하는 아이들은 기본적인 문법과 단어의 철자 등도 쉽게 틀립니다. 예전에 저와 함께 수업했던 L 군이 있었습니다. L은 영어유치원도 나오고 꾸준히 영어 학원에 다니면서 영어공부를 하였습니다. 영어로 읽고 말하는 것은 어려워하지 않았지만, 영어로 독후감을 쓰는 것 자체를 상당히 어려워하였습니다. L이 쓰는 것을 너무 힘들어하기에 자세히 관찰해보니, 아이는 무엇을 적어야 할지 모르거나 영어를 못해서 쓰기 버거운 것이 아니라 아직 아귀힘이 다 길러지지 않아서 연필을 잡고 글을 쓰는 행위 자체를 힘들어했던 것이었습니다. L의 어머니와 상담을 진행해보니 L은 영어뿐 아니라 한국어에서도 비슷한 이야기를 듣고 매일 아귀힘을 키우기 위해 운동하는 중이라는 이야기를 들을 수 있었습니다.

아무리 디지털이 발달하였다고 하더라도, 인체가 느끼는 감각은 결코 디지털이 대신해줄 수 없습니다. 글을 읽고 쓰는 것 역시 마찬가지입니다. 컴퓨터 화면으로 책을 읽고 키보드로 글을 쓰는 것보다 종이책을 읽으며 자신의 손으로 직접 생각을 써 내려갈 때 정보를 더욱 정확하게 처리할 수 있습니다. 그리고 이 영역은 결코 디지털이 대신할 수 없습니다. 모든 일에는 선행되어야 하는 과정이 있습니다. 아이들에게는 태블릿PC와 컴퓨터를 이용하여 학습하기에 앞서, 종이와 연필로 정보를 받아들이고 처리하는 연습이 되어야 합니다. 그리고 그 모든 시작은 엉덩이 힘이 아닌 아귀힘에서 나옵니다.

Chapter 3

영어 읽기는 초등학교 2학년에
시작하셔도 좋습니다

영어를 시작하기에 제일 좋은 시기입니다

얼마 전, 한 학부모가 상담을 요청하였습니다. 현재 동생이 유치원을 다니는데 언제 어떻게 영어를 시작하면 좋을지 문의하였습니다. 아무리 자유롭게 아이를 키운다는 신념을 가진 학부모도 처음 영어에 대한 고민을 시작하는 순간이 바로 아이가 7살이 될 때입니다. 영어유치원을 보내지 않고도 정말 나중에 후회하지 않을 자신이 있을지에서 시작된 영어 교육 고민은 학부모의 불안감을 가중합니다. 아이를 키우는 부모를 제일 힘들게 하는 생각은 바로 후회입니다. '만약 내가 그때 조금 더 신경 썼더라면 내 아이가 조금 더 수월하게 공부하고 있을까?' 하는 의문입니다. 상담하다 보면 학부모는 자신이 했던 교육 방식에 대한 자부심을 느끼고 이야기하지 않습니다. 아이의 공부를 맡긴다는 이유로 항상 노심초사하면서 상담에 임합니다. 저는 걱정하는 학부모를 보면 너무 많은 고민을 하지 않아도 괜찮다고 위로를 전합니다. 왜냐하면, 영어를 시작하기 제일 좋은 나이는 바로 초등 2학년이기 때문입니다.

저는 이런 학부모의 마음을 악용하여 진행하는 공포 마케팅에 상당한 분노를 느낍니다. 학부모는 보통 '머리가 좋은데 아이를 내버려 뒀다,' '지금 시작하면 늦습니다' 등과 같은 또래에 비해 뒤처진다는 이야기를 듣게 되면, 복잡한 감정에 휩싸입니다. 아이가 정말 뒤처져서 불행하게 살아가는 것은 아닌지에 대한 걱정과 두려움, 자신이 아이를 제대로 돌보지 못해서 생긴 상황이라는 죄책감과 후회로 잠을 못이루게 됩니다. 제 앞에서 눈물을 훔치는 많은 학부모에게 저는 따뜻한 목소리로 "영어를 시작하기에 늦은 나이는 없습니다. 특히, 아이가 초등학생이라면 더욱 늦지 않았습니다"라는 말을 꼭 해줍니다.

영어도서관에 있으면 정말 다양한 아이들을 밀착 관리하게 됩니다. 아이들의 정서부터 기본적인 생활 태도, 성격, 영어, 공부 방법 등 정말 세밀하게 관찰하고 분석하며 아이들을 이끌어가게 됩니다. 그 과정에서 깨달은 사실이 하나 있습니다. 영어를 빨리 시작하면 시작할 수록 영어를 사용할 때 언어적 감은 좋지만, 투자 대비 효과는 크게 보지 못할 수 있다는 것입니다. 하지만 천천히 영어를 시작하게 되면 영어에 대한 언어적 감은 조금 없을 수 있지만, 투자 대비 효과를 극대화할 수 있습니다. 저는 학부모 상담을 하면서 가장 강조하는 부분이 바로 가성비입니다. 영어 교육에 수백, 수천의 돈을 연간 쏟는다고 하더라도 효과가 없다면 아무 의미가 없습니다. 그리고 제가 10년이 넘는 시간 동안 수천 명의 아이를 만나면서 깨달은 사실은 초등 2학년에 영어를 시작하는 것이 가장 가성비가 뛰어나다는 점입니다.

교육에 있어 가성비라는 단어를 사용하는 것이 이상할 수 있으나 저는 상당히 중요하다고 생각합니다. 학부모는 아이의 안정적이나 찬란한 미래를 위하여 오늘도 피곤한 몸과 마음을 이끌고 출근하여 아이의 교육과 생활에 필요한 돈을 벌기 위하여 열심히 일합니다. 하지만 만약 아이들이 잘못된 방법으로 교육받아 실력 향상을 위하여 안간힘을 쓰지만, 아이의 자존감과 성적이 바닥을 친다면 얼마나 억장이 무너질까요. 그렇기에 교육에 있어 투자 대비 효과를 따지는 것은 매우 중요합니다. 학원을 선택할 때도, 학습방법을 선택할 때도, 꼭 심도 있게 검토해야 합니다.

제가 초등학교 2학년을 영어를 시작하는 적기로 추천하는 이유가 있습니다. 아이는 초등학교를 1년 정도 다니는 동안 단체 속에서 자신을 제어하는 방법도, 선생님의 지도를 따라 학습하는 방법도 연습하였기 때문입니다. 영어를 언어로 배운다고 하더라도 잊어버리면 안 되는 사실이 있습니다. 그건 바로, 아이들이 영어를 배우는 나라가 바로 한국이라는 점입니다. 한국에서 영어를 공부하는 한, 완전한 영어가 모국어인 환경을 만들어 줄 수 없기에 학습적인 관점으로 접근을 놓치면 안 됩니다. 영어를 효과적으로 습득할 수 있도록 몸과 마음이 준비되어 있어야 합니다. 만약 아이가 학습할 준비가 되어있지 않는다면 영어는 마치 기름종이 위에 잉크로 글을 쓰는 것과 같이 곧 닦여 사라질 지식을 적어 내려가는 것과 같아집니다.

　아이의 몸과 마음이 준비될 때, 영어를 시작하는 것이 가장 중요합니다. 레벨테스트에서 매우 똑똑한 모습을 보여주었던 A가 있었습니다. 이제 막 초등학교에 올라가는 아이는 똑똑하고 순수하였습니다. 아이의 학부모는 늦은 나이에 결혼하여 낳은 아이이므로 정말 고민을 많이 하면서 키웠습니다. 아이가 영어를 그다지 좋아하지 않고 거부하고 있었기에 유치원만 다니고 다른 영어 학습은 하지 않았습니다. 아이는 초등학교에 입학하고 난 뒤, 적응하기 힘든 시간을 보냈습니다. 본격적인 학습에 들어가면서 아이는 체력적으로나 정서적으로 따라가는 것을 상당히 어려워하였습니다. 아이가 워낙 밝고 영리한 아이였기에 씩씩하게 이겨 나갔습니다. 하지만 정말 큰 시련은 어머니께서 학부모 모임에 나가면서 조급증과 함께 찾아왔습니다. 그리고 차곡차곡 쌓아가던 아이의 학습 습관과 자존감은 한 번에 무너지고 말았습니다.

유치원에는 특출나게 잘하는 아이가 많이 없습니다. 영어 교육에 많이 투자하는 학부모는 같은 영어유치원에 보내면서 모임이 자연스럽게 만들어집니다. 영어에 얼마나 투자하는지에 따라 어울리는 학부모의 모임이 각각 다르게 형성됩니다. 하지만 초등학교에 진학하면 그 동네에서 날고 기는 아이들이 모두 한 공간에 들어가게 되면서 유치원 때는 아이가 말을 영리하게 하고 한국어책만 잘 읽어도 똑똑해 보였지만, 영어유치원을 나와 유창한 영어 실력을 뽐내며 중국어를 배우고, 교과목 학원은 물론 예체능 학원까지 섭렵하여 다니는 아이들 옆에 세우면 한참 부족하게 느껴집니다. 그때부터 학부모는 조급해지기 시작합니다. A의 어머니 역시 자신의 아이가 너무 부족하다고 생각된 나머지 조급한 마음에 그만 가지 말아야 할 그 길을 선택하고야 말았습니다. 1학년 첫 여름 방학이 시작되자 영어도서관 하나만 다니면서 학교생활에 잘 적응하던 아이를 사고력 수학부터 수영, 줄넘기, 미술, 피아노 등 오전 10시부터 늦은 저녁까지 빽빽한 학원 시간표로 아이가 움직이기 시작하였습니다. 어머니는 밀려오는 조급함을 아이를 학원에 보내면서 해소하려고 하였고 아이는 무리한 일정에 피곤하여 눈가에서 눈그늘이 사라지지 않았습니다. 갑자기 늘어난 일정에 적응하지 못하고 피곤함에 찌들어 다음 학원을 가기 위하여 문을 나서던 아이의 마지막 뒷모습이 매우 안타까웠습니다.

어른들도 새해가 시작할 때, 신년계획을 세웁니다. 하지만 연말까지 자신이 세운 계획을 철저하게 지키는 사람은 드뭅니다. 습관이 형성되기까지 적응하는 시간이 필요하기 때문입니다. 하지만 학부모가 되면 우리 아이만은 해낼 수 있다는 착각에 빠집니다. 준비가 되지 않은 아이에게 무리한 일정을 몰아붙이게 되면 결코 아이에게 긍정적인 영향을 줄 수 없습니다. 그렇기에 초등학교를 1년 정도 다니면서 학교에서 공부하는 연습해 본 초등학교 2학년이 체력적으로나 정서적으로 준비가 되어 영어를 시작하기에 제일 좋은 시기입니다.

언어 체계가 잡혀야 영어가 쉬워집니다

영어는 한국인의 숙원과 같습니다. 학창 시절부터 따라다니며 우리를 지독히 괴롭혔기에 우리 아이만은 영어로 괴로운 시간을 보내지 않도록 한국어가 미처 자리 잡기 전부터 영어공부를 시작합니다. 이때, 제2외국어를 습득하기에 앞서 잡아주어야 하는 '언어 체계'의 중요성을 놓치게 됩니다. 현장에서 아이들을 가르치면서 요즘 아이들의 맞춤법이 심각할 정도로 무너져있는 것을 발견하였습니다. 아이들은 초등 교과서에서 비중 있게 다루는 한국어 단어 뜻을 몰라 물어보는 경우가 잦아졌고, 문맥 속에서 유추가 가능한 단어도 이해하지 못하고 힘들어합니다. 사실 EBS에서 문해력에 관한 다큐멘터리를 방영한 후, 국어 독서에 관한 관심도가 높아졌지만, 현실에서는 아이들이 한국어를 구사하는 것에 큰 무리가 없기에 문제의 심각성을 놓치는 경우가 많습니다.

영어유치원을 보내고 있던 아이의 어머니와 상담을 하다가 학부모들의 한국어에 대한 이해가 너무나 아쉽다는 느낌을 받았습니다. 그 어머니는 어차피 아이가 초등학교에 진학하게 되면 한국어를 사용하게 되니 한국어는 자연스럽게 잘하게 된다고 생각하고 있었습니다. 이러한 학부모의 한국어에 대한 오해는 자녀들의 영어 교육에도 큰 영향을 미칩니다.

모든 문제는 일이 시작할 때는 나타나지 않습니다. 결정적인 순간이 되었을 때 지속해서 쌓여온 문제가 원인이 되어 걸림돌이 됩니다. 한국에서 살아가는 이상, 그리고 아이가 한국에서 성장하는 한, 아이가 한국어를 습득하는 과정에서 세워지는 언어 체계를 절대 무시해서는 안 됩니다. 또한, 한국어가 모국어니 당연히 잘하겠지라는 안일한 생각도 가져서는 안 됩니다. 만약 아이를 외국 대학으로 진학하도록 하고, 이민을 계획 중이라면 전혀 다른 상황이라고 설명하지만, 아이를 한국에서 키우고 한국어 환경에서 모든 시험을 치러내야 하는 상황이라면 결단코 한국어를 경시해서는 안 됩니다.

최근 영어유치원이 대중화가 되면서 영어유치원 출신 아이들이 눈에 띄게 늘어나고 있습니다. 안타까운 사실은 영어유치원을 나온 아이 중 한국어책을 충분히 읽지 않아 영어소설책을 읽는 것에 어려움을 호소하는 아이들이 많습니다. 아이가 문장을 한국어로 해석하더라도 이해를 못하는 경우가 점차 늘어나고 있습니다. 아이가 한국어 문장도 제대로 이해하지 못하기에 글에서 말하고자 하는 내용도 파악하지 못하게 됩니다. 하지만 한국어책을 충분히 읽으며 생각하는 연습을 한 아이들은 영어책을 읽을 때도 큰 어려움 없이 즐겁게 따라오게 됩니다.

B의 어머니는 아이가 초등학교 3학년 2학기 무렵 알파벳을 가르치셨습니다. 저를 찾아온 것도 아이가 초등학교 4학년에 올라갈 즈음이었습니다. B는 한국어책에 푹 빠져 손에서 책을 놓지 않을 정도로 많은 책을 읽었던 아이였습니다. 어머니는 아이가 한국어책의 매력을 충분히 느끼다가 영어를 시작하였으면 하였기에 아이를 가르쳐주었습니다. 어머니와 기본적인 알파벳을 공부하며 파닉스를 정리한 뒤, 책을 조금씩 읽던 중 저를 만나게 되었습니다. 아이는 무서운 속도로 영어책을 읽어나가기 시작하였습니다. 처음에는 미국 초등학교 1학년 아이들이 읽는 책으로 시작하였지만, 반년 만에 삽화가 줄어들고 단어 수가 늘어나는 챕터북으로, 그리고 또 반년 만에 해리포터를 영어로 읽었습니다. 책을 너무 사랑하던 아이는 영어를 배우면서 노는

풀이 넓어지면서 영어책에도 흠뻑 빠져 읽게 되었습니다. 한국어 언어 체계가 탄탄하던 B는 영어유치원을 다니면서 미국에서 주관하는 Star Reading 지수를 높이기 위하여 매일 숙제로 3~5권씩 영어책을 읽으며 퀴즈를 치는 아이들에 비하여 반도 되지 않는 시간을 투자하여 학습 진도를 따라잡았습니다. B는 6학년까지 다양한 아동문학과 고전을 탐독하고 독후감을 쓰면서 영어 실력의 기반을 잡았고, 그 후 중학교 내신을 다루는 대형 어학원 레벨테스트에서도 최상위반이 나오면서 추후 영어공부를 어떻게 이어갈지에 대한 즐거운 고민을 하게 되었습니다.

사실 B처럼 한국어책을 많이 읽은 아이는 드뭅니다. 하지만 모든 학습의 기본은 독서이며 모국어가 기반이 되어야 한다는 점은 확실합니다. 기반이 탄탄하기만 하면 아이는 자신이 다짐하는 순간 앞질러 가던 또래를 따라잡는 것은 한순간에 이루어집니다. 하지만 이 학습 기반이 탄탄하게 잡혀있지 않는다면 아무리 초등학교 때 앞서 나간다고 하더라도, 본격적으로 자신의 실력을 발휘해야 하는 고등학교 때 뒤처지게 됩니다. 모든 학습에는 순서가 있습니다. 공부에는 왕도가 존재하지 않습니다. 다만 지지부진하고 느린 정도만이 있을 뿐입니다. 한국에서 살기에 당연시 여겨지는 한국어 실력이 절대 놓쳐서는 안 되는 영어공부의 정도가 되는 첫걸음입니다.

영어유치원 이후가 더 중요합니다

최근 10년간 영어유치원은 전국적으로 많이 늘어났습니다. 예전에는 교육열이 높은 학군지를 중심으로 분포되어 있었지만, 요즘에는 어디서나 손쉽게 찾을 수 있습니다. 또한, 맞벌이 가정이 늘어나면서 아이들에 대한 투자도 높아지고 있습니다. 하지만 영어유치원을 보낼 때는 생각해보지 못했던 문제들이 초등학교에 진학하면서 나타납니다. 영어유치원을 졸업하고 나면, 사립초등학교에 진학하거나 영어유치원 연계어학원을 보내면서 영어공부를 이어갑니다. 그렇게 초등학교 2학년까지 다니다 보면 딜레마에 빠지게 됩니다. 내신영어를 진행하는 어학원으로 옮기자니 시기가 너무 이르고, 토플 등으로 수업을 진행하는 어학원으로 옮기자니 영어의 방향성을 잃어버리는 느낌을 받게 됩니다. 사실 영어책을 꾸준히 읽어야 하지만 너무 오랜 시간 동안 '영어도서관은 서브학원'이라는 편견으로 인하여 영어도 서관만 보내어 영어책을 읽히는 것은 상당히 불안합니다. 아무리 영어 독서가 필요하다는 사실은 이해하지만 "문법과 단어"를 강력하게 밀어붙이지 않는 영어도서관은 영어 학습이라는 생각이 들지 않기에 정작 초등 시기에 아이들에게 가장 필요한 영어 학습을 놓치게 됩니다. 이때, 제대로 된 선택을 하지 못하면 학원가를 떠돌아다니다 이도 저도 아니게 됩니다.

최근 영어도서관을 찾아오는 초등학교 고학년 아이들이 늘어나고 있습니다. 대부분 아이가 영어유치원 출신입니다. 영어유치원을 졸업히고 대형 어학원에서 화원을 옮겨가면서 영어책을 본격적으로 읽으면서 성장해야 하는 시기를 놓치게 됩니다. 주어진 수업만을 따라가며 공부하면서 "영유 출신"이라는 사실이 의심스러울 정도의 영어 실력을 보여줍니다. 영어유치원을 나온 아이들은 대형 어학원에 진학하면서 영어책 읽기를 멈추고 주어진 지문을 분석하며 읽고 답을 찾는 연습만 하게 됩니다. 문맥 속에서 단어 뜻을 유추하고 사전을 통해 다시 확인하면서 영어 단어를 공부하지 않고 단어와 뜻만 주입식으로 외우는 학습을 하다 보면 영어유치원을 다니면서 연습했던 영어책 읽는 법을 잊어버리게 됩니다. 영어책을 오랫동안 읽지 않다가 학년이 높아지면서 등장하는 영어책 수업은 아이들을 당혹스럽게 만듭니다. 특히, 지문을 '완벽하게' 이해하고 문제를 풀도록 연습한 아이들은 종이를 빼곡히 채우고 있는 단어를 마주하게 되면서 영어책 읽기 자체에 거부감이 생깁니다. 특히 모르는 단어를 유추하면서 읽는 연습이 되어있지 않은 아이들은 영어를 읽을 수 없게 됩니다. 영어유치원을 다녔더라도 지속해서 책을 읽어주지 않으면 아이들은 결국 그 자리에서 멈추게 됩니다. 또한, 영어를 언어로 습득한 아이들은 내신학원에서 전체 지문을 한국어로 일일이 해석하는 연습과 문맥 없이 치러지는 단어 시험을 매우 어려워합니다. 영어유치원을 다니며 자신은 영어를 잘한다고 생각하며 자신 있게 영어공부에 임하지만, 내신학원에서 요구하는 영어 시험에서 예상한 점수대가 나오지 않으면 아이의 자존감은 무너질 수밖에 없습니다.

결국, 영어는 영어유치원에서 자연스럽게 습득하고 언어 감각을 키워주는 것으로 끝나지 않습니다. 초등학교에 입학하고, 중학교에 진학해서도 아이들이 마주한 다양한 모습의 영어를 꾸준히 공부해야만 합니다. 고등학교에서는 내신과 수능을 잘 치러내기 위하여 공부해야 하고, 대학에 진학하고 나서도 취업을 위해, 다양한 사회활동을 위해 아이는 끝없이 영어공부를 해야 합니다. 유치원부터 시작하여 초등학교, 대학생, 성인이 될 때까지 얼마나 영어를 지속하여 학습하였는지는 나중에 그 결과로 나타날 것입니다. 잘하였을 경우 모든 영역에서 불편함 없이 영어를 사용하게 됩니다. 더불어 영어가 가져다주는 많은 유익을 누릴 수 있게 됩니다. 영어유치원을 보내기 전, 아이가 교육을 받게 되는 환경 등 여러 가지를 고려하여 어떻게 연결하여 학습하는 지가 매우 중요합니다. 시기마다 학습방법이나 내용, 적응해야 하는 문제 등이 각각 다르므로 그때마다 적절한 방법을 찾아 영어공부의 연속성을 유지해야 합니다.

엄마표 영어는 하지 않아도 괜찮습니다

크라센 박사의 '읽기 혁명'이라는 책을 시작으로 한국에는 영어 책 읽기 열풍이 불기 시작하였습니다. 그리고 엄마가 아이들에게 영어책을 읽혀 성공한 대표적인 사례인 잠수네를 기점으로 엄마표 영어를 시도하고 그 과정을 블로그나 인스타그램에 남기며 책으로 출판하는 일이 많아졌습니다. 이렇게 영어책 열풍이 분 지도 10년이 훌쩍 지났습니다. 점차 영어책 읽기의 중요성이 강조되어 대중화가 되어가면서 안타까운 점들이 생겨났습니다. 이번 장에서는 바로 엄마표 영어를 하지 못하는 학부모를 위한 위로입니다.

제가 제 아이를 낳기 전에는 학부모의 마음을 반만 이해할 수 있었습니다. 조금 더 솔직하게 말하자면 학부모의 마음을 이해한다기보다 나를 믿고 아이를 맡겨주는 학부모에게, 나를 따라주는 아이들의 인생에서 한 번뿐인 소중한 시간을 절대 조금도 낭비되지 않게 하리라는 책임감으로 접근하였습니다. 하지만 제가 직접 아이를 낳고 보니, 진짜 아이를 키우는 일은 보통 일이 아니라는 생각이 들었습니다. 이제 막 나만 믿고 태어난 이 작은 생명체를 잘 키워내야 한다는 막중한 부담감과 책임감, 그리고 내 생각대로 되지 않는 육아와 출산으로 인하여 망가진 몸과 체력은 아이가 엄마의 우주가 되는 이유로 충분하였습니다. 계획과 달리 흘러가는 육아의 첫해를 경험하면서 '엄마라면 당연히 이 정도는 해야 한다'라는 편견이 사라지기 시작하였습니다.

제 엄마는 워킹맘이었습니다. 엄마가 일하며 저를 키우던 시절은 주 6일 근무하였습니다. 야근은 당연하고, 매일 회식이 있었습니다. 어린 제 시선에서 엄마를 바라볼 때, 엄마의 삶 속에 스며들어있는 고단함은 잘 보이지 않았습니다. '엄마니까, 엄마라면 당연히 육아도, 가사도, 일도 잘 해내야만 해'라고 막연하게 생각하였습니다. 저 역시 엄마가 되면 주어진 모든 일을 완벽하게 해낼 것이라고 믿었습니다. 하지만 제가 직접 엄마가 되어보니, 생각처럼 쉽지 않았습니다. 일에 집중하게 되면서 육아와 가사는 뒷전이 되어버렸습니다. 그렇다고 미혼일 때처럼 일을 집중하여 제대로 처리하지 못하였습니다. 하나도 만족스럽게 해내는 일 없이, 시간에 쫓기듯 허덕이며 살아가는 기분이 들 때가 늘어났습니다. 아침에 일어나면 아이가 깨기 전까지 출근 준비와 기본적인 집 정리를 합니다. 아이가 깨면 간단하게 아침을 챙겨 먹이고 등원 준비를 하여 집을 나섭니다. 어린이집에 아이를 보내고 나면 커피와 김밥 두 줄을 사 들고 출근합니다. 오늘은 해야 할 일을 정리하고 나서, 하나씩 처리해나갑니다. 그렇게 온종일 일하고 녹초가 되어 퇴근하면, 씻고 아이를 재우기 위하여 이불 속으로 들어가는 순간 저는 그대로 곯아떨어집니다. 저녁에 개인적인 시간을 보내기 위해 많은 계획을 세웠지만, 모두 물거품으로 돌아간 채 다음 날을 시작합니다. 어린 시절, 주말에 잠만 자던 엄마를 이해할 수 없었습니다. 하지만 제가 엄마가 되니 이해할 수 있었습니다. 저는 회식도, 야근도 하지 않는 주 5일 근무이지만, 당시 엄마는 오전 7시면 출근하고, 야근과 회식이 넘쳐나던 주 6일 근무 시절이었기에 더 고단하지 않았을까 생각합니다. 어쩌면 맞벌이를 하는 엄마라면 자신에게 주어진 시간을 충실히 살아가기 위하여 안간힘을 쓰고 있다는 생각이 들었습니다. 그리고 저는 여기에 엄마표 영어라는 짐까지 주고 싶지 않았습니다.

사실 엄마표 영어에 대한 글을 쓰기로 마음을 먹은 이유는 영어책을 통하여 아이가 영어를 학습하는 과정에서 대부분 교육서는 '엄마'가 직접 가르치는 교육법을 언급합니다. 그러한 책들을 읽을 때마다 제가 느낀 점은 오직 한 가지 방법만이 옳고, 마치 그 방법을 따르지 않으면 안 된다고 주장한다는 것입니다.

10년이 넘는 세월 동안, 만 명이 넘는 아이들을 만나면서 깨달은 사실은 아이들의 성향과 환경이 다르기에 접근법 역시 달라야 한다는 사실이었습니다. 영어를 잘하기 위해서는 올바른 틀을 만들어주어야 합니다. 아이들이 올바른 틀에 익숙해지기 위하여 다양한 방법과 관점으로 접근해야 하며, 엄마표 영어도 수많은 다양한 방법의 하나에 불과하지만, 자신의 아이만 가르쳐 성공시킨 경우 자신이 성공한 단 하나의 방법만이 옳다는 확신하게 됩니다. 만약 먹고 사는 일이 너무 바빠 엄마표 영어를 해줄 여력이 되지 않는다면 어떻게 해야 하나요? 엄마도 자신의 인생과 꿈을 위하여 집중하고 성장하고 싶으면 어떻게 해야 하나요? 저는 절대 엄마가 열심히 살아가는 과정에서 아이들에게 죄책감을 가지면 안 된다고 생각합니다. 엄마 홀로 느끼는 죄책감은 결코 아이들에게 좋은 영향을 줄 수 없습니다.

제가 정말 좋아하던 S가 있었습니다. S는 초등학교 2학년부터 저와 함께 수업하였습니다. 처음 영어를 배울 때에는 알파벳도 헷갈리며 수업에 집중하지 못하여 끊임없이 물을 마시고 화장실을 갔습니다. 아이가 초등학교 6학년이 되고 해리포터와 같은 청소년 문학을 즐겁게 읽게 될 때, 학부모 상담을 진행하였습니다. 항상 아이만 만나던 저는 이제껏 생각하지 못한 학부모의 삶을 보게 되었습니다. 아이가 학년이 올라가는 것과 동시에, 어머니 역시 직장에서 직급과 연차가 쌓이면서 더 바빠지는 것입니다. 아이가 초등학교 저학년일 때에는 어머니와 상담하기 위하여 통화하는 일이 어렵지 않았습니다. 하지만 어느 순간, 어머니의 회의 참석은 잦아지셨고 바쁜 업무로 인하여 전화 연결이 제대로 되지 않았습니다. S에게 어머니랑 연락을 어떻게 하면 좋을지를 물으니, 아이는 빙그레 웃으며 엄마의 휴대전화는 보통 배터리가 없거나 꺼져있다고 이야기해주었습니다. 겨우 닿은 연락에서 어머니는 너무 바빠 아이의 영어 학습을 가정에서 제대로 챙겨 줄 수 없어서 고민이라는 말을 하였습니다. 숙제를 못 챙기니 자주 보내겠다는 말씀을 하셨습니다. 그리고 전화를 끊기 전, 가정에서 더 챙겨주어야 할 것이 있으면 챙기도록 노력할 테니 꼭 알려달라는 말로 마무리하였습니다. 어쩌면 이 어머니의 마지막 말 속에 워킹맘의 마음이 고스란히 담겨있다고 느꼈습니다. 삶은 너무 바쁘지만 그래도 사랑하는 아이를 위하여 마지막 힘을 내어 챙기고 싶은 마음, 이게 엄마의 마음이라는 생각이 들었습니다. 그리고 저는 섣부른 엄마표 영어의 정답화는 워킹맘에게 지울 수 없는 상처를 줄 수 있다는 생각을 하게 되었습니다.

아이가 돌이 지나서 복직을 한 저는 일하는 매 순간 다짐합니다. 체력적으로, 일의 특성상, 제 아이의 교육문제는 정신없이 몰아치는 일 속에서 아차 하는 순간 놓칠 수 있기에 학원을 언제부터 어디를 보낼 것인지에 대하여 로드맵을 가지고 있어야 하며, 모든 사교육비를 여유롭게 감당하기 위하여 자금 계획을 정확하게 세우고 수익을 극대화하는 다양한 파이프라인을 준비하기로 말입니다. 오랫동안 상담한 어머니들과 허심탄회하게 이야기를 할 때면 종종 '교육에는 정답이 없다'라는 이야기를 합니다. 다만 타인이 보기에 좋은 결과가 나올 때, 우리는 그 길이 정답이라고 믿고 싶을 뿐입니다. 영어유치원을 보내도, 엄마표 영어를 가정에서 진행해도, 우리는 성공한 사례만 접하게 됩니다. 그렇기에 그들이 말하는 방법을 따라 하지 않으면 우리 아이는 뒤처지고 패배자가 되어, 후회할 것만 같은 불안감과 공포에 휩싸이게 됩니다. 이때, 기억해야 할 단 하나의 정답은 부모는 결국 사랑하는 아이가 자신이 가진 잠재력을 발견하고 활용하여 삶을 독립적이고 풍요롭게 살아갈 수 있도록 도와주는 역할이라는 사실입니다.

수능 영어 만점은 식은 죽 먹기입니다

저는 어려서부터 저에게 이익이 되지 않는 일을 하는 것을 매우 싫어하였습니다. 여기서 이익은 금전적 이익도 있지만, 제 마음이 풍성해지는 것과 같은 정서적인 만족도 모두 포함되어 있습니다. 그렇기에 감사할 줄 모르는 사람들을 돕는 것, 결과가 나지 않을 일에 너무 많은 힘을 쏟는 것, 결론이 나지 않는 이야기를 오래 듣고 있는 것을 그다지 좋아하지 않습니다. INTP인 저는 공감하는 것과 타인에게 관심을 가지는 것이 제일 어려웠기에 어쩌면 저에게 직접적인 영향을 주지 않는 일은 시간 낭비라고 생각하는 편입니다. 제 성향은 영어를 가르칠 때도 그대로 나타납니다. 직접 아이들의 영어 실력으로 나오지 않는 학습을 진행하는 것에 굉장한 회의감을 밀려올 때가 있습니다. 왜냐하면, 영어는 결국 실전이기에 그 결과가 나타나야만 합니다.

  아이들에게 영어를 가르치는 이유는 무엇인가요? 학부모 상담을 하면서 영어 교육에 있어 분명한 목적이나 목표 없이 대학에 진학할 때 점수가 필요하니 시키는 경우가 많습니다. 하지만 정확하지 않은 목적과 목표로 인해 영어 교육이 갈피를 잡지 못하는 경우가 많습니다. 단순 학원 레벨테스트에 의존하여 아이들을 평가하고 방향성을 잃어버린 채, 소문을 따라 학원을 옮겨 다니며 공부법을 바꾸기에는 아이들의 오늘 하루가 너무 소중합니다. 저는 상담하면서 학부모에게 '결국 수능을 못 치면 무슨 소용 있냐'는 말을 자주 합니다. 아무리 열심히 영어공부를 하여도 실전인 내신, 수능, 다양한 시험 영어에서 좋은 결과를 내지 못한다면 큰 의미가 없을 것입니다. 결국, 성과가 나지 않을 일에 돈과 시간을 쏟아부은 격이 되어버립니다. 돈과 시간을 투자해서 아이에게 영어 교육을 할 때는 단순히 외국인을 만났을 때 두려워하지 않고 길을 설명하기 위하여 영어를 가르치지 않습니다. 아이의 밝고 희망찬 미래를 위하여 투자하는 것이 부모의 마음입니다.

  얼마 전, 다시 기초영문법을 하기 위해 학원을 옮긴 I가 있습니다. I

는 초등학교 저학년부터 수업했던 친구였습니다. 저는 I를 보면 항상 안타까웠습니다. 어린 시절부터 학원가를 돌면서 수업도 열심히 듣고 숙제도 열심히 해가며 영어를 공부했지만, 본격적인 학습이 시작되는 초등 5학년이 된 현재까지 영어 실력이 어중간하기 때문입니다. 어머니와 이야기하면서 왜 I가 영어를 못하는지 알 수 있었습니다. 한국 영어 교육에서는 회화도, 단어도, 문법도 모두 중요하지만 가장 중요한 것은 실전에서 고득점을 끌어낼 수 있는 영어 지문을 정확하게 읽고 이해하는 능력입니다. 기본적인 영어 실전 감각을 키우기 위해서 가장 탄탄하게 쌓아 올려야 하는 과정이 바로 영어책 읽기입니다. 하지만 I의 어머니는 영어 독서는 하면 좋고, 하지 않아도 괜찮은 활동으로 생각하였습니다. I는 가정에서도 영어책을 읽지 않았지만, 영어도서관 역시 시간이 나면 다니고, 아니면 쉬는 식으로 진행하였기에 꾸준한 영어 독서를 할 수 없었습니다. 어머니가 속한 학부모 커뮤니티의 정보에 따라 영어 학원을 이리 옮기고, 저리 옮겨 다니기만 하였습니다. 아이는 영어 학원에서 진행되는 문법도, 단어 시험도, 지문 숙제도 열심히 따라갔지만, 내신을 위한 대형 어학원에 진학하려고 하니 막상 단계가 나오지 않아 등록조차 할 수 없었습니다. 저는 어머니에게 1년만 인내심을 가지고 영어책을 읽히는 것을 권하였지만, 어머니는 문법이 되지 않아 지문을 읽지 못한다고 생각하여 처음부터 다시 문법 공부를 시작하기 위하여 문법 학원으로 옮겨가게 되었습니다. I는 4년이 넘도록 영어공부를 하였지만, 실전에서는 전혀 빛을 발하지 못하고 있었습니다.

또한, I와 전혀 다른 아이들도 있습니다. 저와 초등학교 5학년 때 만나 고등학교 진학하면서 헤어진 L이 있습니다. L이 겪은 사춘기의 시작과 끝을 모두 보았기에 더욱 애착이 가는 학생이었습니다. 하지만 L을 생각할 때면 아이보다 어머니가 더 기억에 남습니다. 처음 등록하러 방문하였을 때도 정말 깐깐한 모습으로 상담에 임하셨고, 추후 다달이 진행되는 상담과 아이의 향상도를 지켜보시면서 전적으로 믿고 맡겨주셨습니다. L의 어머니가 기억에 남는 진짜 이유는 남다른 교육관 때문이었습니다. 영어도서관을 다니는 아이들은 보통 중학생이 되면 내신 공부를 위하여 내신 영어 학원으로 옮겨갑니다. L 역시 중학교에 진학하면서 저희와 한 번의 이별을 하였습니다. 하지만 얼마 지나지 않아, 어머니와 L이 다시 찾아왔습니다. 어머니께서는 강의식 수업을 통하여 아이가 무엇을 배울 것인지에 대한 확신이 서지 않으신다고 말씀하시며, 말문을 여셨습니다. 막상 내신학원을 보내보니 많은 양의 숙제를 해가면 학원에서는 시험을 치고, 숙제 검사를 한 후 풀이 과정을 듣는 것이 전부라고 하셨습니다. 어머니가 원하는 방식의 학습이 아니기에 과감하게 다시 영어도서관을 선택하신 것이었습니다. 이 선택은 아이에게도, 어머니에게도 모험일 수 있습니다.

하지만 L은 중학교 3년 동안 다양한 인문고전을 영어로 읽으면서 토론하고 자기 생각을 정리하여 에세이를 써 내려갔습니다. 고등학교 진학 전, 풀어본 수능 모의고사에서도 어렵지 않게 만점을 받으며 마무리할 수 있었습니다.

이처럼 영어책 읽기의 목표는 실전인 수능과 전혀 무관하지 않습니다. 그리고 책을 열심히 읽고 독후감과 생각 등을 영어로 표현하는 것에 능숙한 아이들이 결국 수능에서도 좋은 결과를 만들어냅니다. 하루에 영어 단어를 50개 이상 외워 시험하고, 문법책을 100번 반복하여 읽으며 공부한다고 수능에서 좋은 결과가 나오지 않는다면 공부 방법에 대하여 다시 한번 생각해보아야 합니다. 수능 영어의 기본적인 목표는 대학에 진학하여 영문교과서와 논문을 이해할 수 있는지를 평가합니다. 그렇기에 긴 지문과 다양한 문학적 표현, 그리고 석학들이 이야기하는 논리를 정확하게 이해할 수 있는 능력이 필요합니다. 폭넓은 영어 독서를 한 아이들은 글을 쓰는 사람들의 의도를 파악하는 연습과 비유와 같은 문학적 표현에도 어려움 없이 이해할 수 있기에 주어진 시간 내에 지문을 읽고 답을 찾아냅니다. 하지만 문법과 단어 위주의 직독직해를 연습한 친구들은 주어와 동사를 찾으면서 정확하게 한국어로 번역하여 이해하기 때문에 번역한 문장 역시 이해하지 못하는 어려움을 겪기도 합니다. 또한, 시험에서 지문을 해석하는 데에 시간을 허비하여 지문을 다 읽어보지도 못하는 경우가 생겨납니다.

초등학교에 다니면서 또래 친구들보다 월등히 잘하는 것보다 실전인 수능 영어에서 만점을 받는 것이 더 중요합니다. 올바른 틀 안에서 제대로 된 공부를 해야만 실전인 수능에서 웃을 수 있습니다.

칭찬, 그리고 천천히

레벨테스트를 진행 후, 학원에 등록할 때 학부모가 제일 많이 물어보는 질문이 바로 가정에서 무엇을 더 해주면 되는 지입니다. 이 질문에 대한 대답은 한결같습니다. 책을 더 읽도록 권장하는 것입니다. 학원에서는 조금 도전적인 독서를 진행하기에 가정에서는 편하고 즐겁게 읽을 수 있는 책들을 읽도록 권장합니다. 이때, 꼭 당부하는 2가지가 있습니다. 그것은 바로 아이가 틀리더라도 지적하지 말 것과 단어 뜻을 하나하나 물어보거나 알려주지 말 것입니다. 이 설명을 들은 학부모는 하나같이 놀라워합니다. 문법과 단어 위주로 영어 공부하던 세대이기에 아이가 단어를 모르고 넘어가면 제대로 이해하지 못하지 않을까 불안해집니다. 술술 읽어나가는 아이들을 멈추고 뜻을 물어보거나 발음을 교정해줍니다. 하지만 이 과정에서 아이들은 영어에 질립니다. 아이들이 부모에게 원하는 건 칭찬과 인정이기 때문입니다.

절대 조급해하지 마세요. 천천히 올바른 틀 안에서 학습하도록 도와주세요. 틀렸다고 지적하지 말고 작은 성장에도 진심으로 칭찬해주세요. 그러면 아이들은 성취감을 느끼며 스스로 공부하려는 강한 의욕을 보여주게 됩니다.

파닉스는 2주 이상 하지 마세요

제가 영어를 배울 때까지만 하더라도 파닉스를 따로 배우지 않았습니다. 알파벳을 배우면 영어로 일상적인 대화를 하는 연습을 하였습니다. 하지만 요즘은 파닉스를 배웁니다. 안타까운 사실은 기본적인 파닉스를 배우기 위하여 짧게는 6개월, 길게는 2년이라는 시간을 학원에 투자합니다. 학습하면서 파닉스가 정말 필요한지 고민해보셨을까요?

종종 영어도서관으로 파닉스 반을 문의하시는 학부모가 있습니다. 제가 운영하는 영어도서관에서는 파닉스 반을 따로 운영하고 있지 않을뿐더러 저는 파닉스가 영어 학습에 있어서 꼭 거쳐야 하는 과정이라고 생각하지 않습니다. 영어는 정확한 파닉스의 규칙에 따라 읽을 수 있는 언어가 아닙니다. 한글이 세계적으로 과학적인 언어로서 인정받는 이유는 바로 발음대로 읽고 쓸 수 있기 때문입니다. 이 말을 다르게 설명하면 영어는 발음이 나는 대로 읽고 쓸 수 없다는 말과 같습니다. 실제로 파닉스의 원리를 따르는 영어 단어는 40%에 불과하다는 연구조사가 있습니다. 그렇기에 파닉스를 완전하게 익히고 영어 읽기를 시작하는 것이 영어 실력 향상에 얼마나 큰 도움이 되는지는 알 수 없습니다. 다만, 우리 아이가 파닉스도 배웠다는 사실로 위안 삼을 수 있습니다.

 학기가 시작하면 기존의 공부법을 탈피하기 위하여 학원을 알아보러 다닙니다. 봄학기가 시작될 무렵, 영어도서관을 찾으시는 많은 학부모의 자녀는 초등 3학년입니다. 대형 영어 학원에 다니면서 파닉스를 1년 반에서 2년 정도 공부하였으니 영어책을 한 번 읽혀보면 좋지 않을까 하는 생각에 찾아옵니다. 하지만 학부모들은 아이의 레벨테스트 결과지를 받고 망연자실하게 됩니다. 나름 영어공부를 열심히 시켰지만, 영어도서관에서 진행한 레벨테스트 결과는 미국학교 기준으로 초등학교 1학년 중후반으로 나오기 때문입니다. 못해도 미국 초등학교 2학년 이상은 나오지 않을까 하는 막연한 기대감으로 찾아오시지만, 전혀 예상하지 못한 결과를 볼 때는 허무한 심정을 숨기지 못합니다. 침울해진 학부모에게 저는 항상 같은 설명을 합니다. 우리는 영어에 대하여 착각을 하고 있습니다. 인풋이 많으면 당연히 아웃풋은 자연스럽게 될 것이라는 착각입니다. 영어 학원에서는 자연스럽게 아웃풋이 나올 정도로 인풋을 넣어주지 않습니다. 학원에서 배운 영어 지식은 아이가 알아가는 상식에 하나가 추가되는 것에 불과합니다. 그리고 아웃풋을 많이 내기 위해서는 아이가 칠판을 보면서 수동적으로 받아들이는 영어 지식이 많은 것보다 아이가 두뇌를 쥐어짜면서 사용하는 영어의 실제적 사용량이 많아야 합니다. 영어와 직접 부딪히면서 배운 내용을 직접 활용하는 영어의 양이 늘어나야 합니다. 컴퓨터에서 하루 한, 두 권 읽는 그림책은 영어책 읽기라고 말하기 어렵습니다. 교육에서 제일 조심해야 하는 '공부를 하고 있다는 위안을 주는 행위'에 불과합니다. 영어책 읽기는 아이가 책을 읽으면서 생각하고, 내용을 다양한 표현을 활용하여 영어로 말하고 쓰면서 두뇌 활용을 극대화하여 진행되는 활동을 말합니다.

저는 파닉스에 관하여 상담하러 오는 학부모에게 당부하는 말이 있습니다. 파닉스를 너무 오래 하지 말라는 것입니다. 아이들은 영어를 일상생활 속에서 직접 사용해볼 때 성취감을 느낍니다. 오늘 학원에서 배운 단어를 집에서 다시 한번 사용해볼 때 아이는 자신감을 얻게 됩니다. 제가 복직을 하고 만난 Y가 있습니다. Y는 3개월 동안 교재를 통하여 파닉스만 지속하여 반복하고만 있었습니다. 아이에 대하여 적힌 메모를 확인하니, 영어를 싫어한다는 문구만 있었습니다. 아이가 영어를 하는 모습을 보니 영어를 싫어할 수밖에 없겠다는 생각이 들었습니다. 자신은 너무 열심히 영어공부를 하고 있지만, 정작 실력은 늘지 않고 영어를 읽기조차 어렵기 때문입니다. 저는 아이에게 앞으로 어떻게 영어공부를 진행할 것인지에 대하여 설명해주고 난 뒤, 그 자리에서 파닉스 교재를 버렸습니다. 그리고 바로 책 읽기에 도입하였습니다. 그렇게 6개월이 지난 지금, 아이는 영어책을 즐겁게 읽고 있습니다. 최근 영어책 독서에 욕심을 부리며 조금 더 어려운 책을 스스로 읽으려고 도전합니다. 수업을 마무리하고 떠날 때는 꼭 영어로 인사를 합니다.

제가 반포에서 영어책 읽기 수업을 진행할 때까지만 하더라도 파닉스를 가르치지 않았습니다. 아이들은 오디오북을 들으면서 영어책을 2~3차례 반복하여 소리를 내 읽었습니다. 그리고 선생님과 함께 다시 소리를 내어 읽으면서 제대로 읽는지 점검받았습니다. 아이가 스스로 읽기 어려운 단어들은 선생님이 작은 소리로 살포시 알려주면, 아이들은 마치 원래 알았다는 듯 큰 소리로 다시 읽었습니다. 그렇게 한 권의 책을 읽고, 또 읽다가 보면 아이는 어느새 영어책을 읽을 수 있게 되었습니다. 파닉스를 꼼꼼하게 배우는 과정은 우리에게 마치 기초를 탄탄하게 세우는 기분을 줍니다. 교재를 풀면서 지식을 차근 차근 쌓아 나가기 때문에 체계적으로 공부했다는 만족감을 줍니다. 특히, 끝난 교재를 보고 있으면 괜히 뿌듯합니다. 하지만 여기서 기억 해야 할 사실은 체계적으로 공부한 것만 같은 자기 위안은 결코 진짜 실력이 될 수 없습니다.

단어를 안 외워야 영어를 잘할 수 있습니다

제가 학교에 다니던 시절, 영어공부에 있어 빠지면 서운한 교재가 있습니다. 바로 '성문 종합영문법'과 'MD33000 단어장'입니다. 단어를 많이 알면 막연히 영어 실력이 늘 것이라 기대하면서 영어 사전을 찢어 먹던 시절이었습니다. 하지만 영어 단어를 외우다 보면 벗어날 수 없는 늪에 빠진 기분이 듭니다. 하나의 현상을 가지고도 다양하게 표현하기도 하고, 하나의 단어가 다양한 표현을 하기도 하여 공부를 하면 할수록 더욱 헷갈릴 때가 많았습니다. 저는 단어 공부를 하더라도 너무 수학 공식처럼 한국어 뜻과 단어를 외우는 방식으로 하지 않도록 조언합니다. 단어는 지금 외운 뜻이 아니더라도 문장 속에서 어떻게 사용되었는지에 따라서 의미가 변하기 때문에 너무 하나의 뜻에 갇히지 않도록 지도해야 합니다. A=B라는 공식에 빠질수록 아이는 영어정복에 있어 멀고 험난한 길을 가게 됩니다.

영어도서관에서 아이들을 가르치면서 단어를 따로 외워야 한다고 생각한 적은 거의 없습니다. 아동문학이나 인문 고전서를 읽는 아이들에게는 책에서 자주 등장하는 단어를 하루 10개 내외로 공부하는 것은 권장하지만, 아이가 스트레스를 받는다면 멈추도록 조언합니다. 영어도서관에서 단어 공부를 진행하게 된 계기는 숙제가 없어 불안해하는 학부모의 마음을 진정시키기 위해서였습니다. 단어 공부는 책에 나오는 핵심 단어 10개를 공부하여 점검하는 방식으로 진행하지만, 만약 아이가 단어를 외우는 것이 어렵다고 한다면 발음을 정확하게 연습하면서 철자를 곱씹으며 한 번씩 써보는 것만으로도 충분하다고 설명합니다. 영어 단어는 한 번 보고 외운다고 평생 기억할 수 없습니다. 뇌에는 한계가 있어 아이가 처음 공부한 단어는 학원 문을 나가는 순간 잊어버리게 됩니다. 단어는 300번 이상 봐야만 온전히 기억할 수 있습니다. 한 번의 단어 시험을 위하여 며칠 공부한다고 하여 아이가 단어를 정확하게 알고 다음 지문에서 바로 적용할 수 없습니다. 그렇기에 외워서 단어 시험을 치른다고 하여 단어 공부를 했다고 말할 수는 없습니다.

선생님들에게 교육을 진행할 때, 아이들은 등을 돌리는 순간 잊어 버리는 현실을 몇 번이고 강조합니다. 학원 문을 나서는 순간, 오늘 공부한 내용은 모두 기억의 뒤편으로 날려 버린 채 놀이터로 달려나 갑니다. 이것은 아이의 지능이나 성향의 문제가 아닌 단지 어린아이 이기 때문에 당연한 모습입니다. 그렇기에 아이들에게 가장 필요한 것은 기억력에 의존하여 시험을 치는 학습 방식이 아닌 주어진 시간 동안 집중하여서, 해야 하는 학습에 꼼꼼하고 성실한 자세로 임하도 록 지도하는 것입니다. 아이가 영어에 꾸준히 반복적으로 접하게 되 면 영어 단어에 익숙해지고 자연스럽게 활용하게 됩니다.

얼마 전, 한 어머니께서 상담을 오셨습니다. 초등학교 2학년 아들이 영어에 질렸다는 이야기를 하였습니다. 어머니는 유명한 대형 어학 원에 아이를 보냈지만, 매달 200개가 넘는 단어를 외워 한 번에 시험 하고 결과를 벽에 붙여두는 분위기 속에서 아이가 영어를 거부하기 시작했다는 것이었습니다. 학습적 두뇌가 발달하지 않은 아이들에게 매일 10개씩 단어를 꾸준히 공부하여 한 날, 한 시에 시험을 치르는 교육 방식 자체가 매우 구시대적 발상이라는 생각을 하였지만, 어른 들의 잘못된 교육 방식으로 인하여 자존감이 바닥을 치고 영어가 싫 어지는 아이들을 생각하니, 마음이 아팠습니다.

언어 발달기에 있는 아이들은 단어를 따로 외우지 않더라도 그 단어가 주는 이미지와 느낌을 자연스럽게 기억합니다. 그리고 한국어로 정확하게 무슨 뜻인지 모르지만, 자신에게 주어진 상황에서 적절하게 단어를 활용하는 연습을 합니다. 그렇게 적합한 뉘앙스로 단어를 읽고, 쓰고, 말하고, 듣는 과정에서 아이들은 영어 감각을 익히게 됩니다. 하지만 과도한 암기식 영어 단어 공부는 아이들이 영어를 싫어하도록 만들어주는 계기가 될 뿐입니다. 또한, 자신은 열심히 영어 공부를 하였지만, 아무리 해도 기억이 나지 않는 영어 단어의 늪에 빠져 허우적거리며 영어와 학습 전반적인 자신감을 잃어버리게 됩니다. 아이들은 문장 속에서 다양하게 쓰이는 단어를 자연스럽게 이해하지 못하여, 정확하게 뜻이 기억나는 단어가 없으면 영어 문장을 아예 읽지 못합니다. 더 나아가 한국어로 문장을 해석하여도 스스로 번역한 문장을 이해할 수 없어 지문을 이해하지 못합니다. 그렇기에 단어를 외우는 것은 영어 감각을 발달시키고 본격적인 학습이 시작되는 초등학교 고학년에 시작해도 늦지 않습니다.

한국어로 해석해도 아이는 그 뜻을 모릅니다

수학을 좋아하던 저는 영어 문장을 해석할 때마다 맞아떨어지는 쾌감을 좋아했습니다. 하지만 어느 순간부터 해석이 명확해지지 않는 기분이 들었습니다. 번역본을 읽을 때마다 알 수 없는 불편함이 느껴지고 인문 고전서를 읽을 때마다 번역서가 아닌 원서로만 읽게 되었습니다. 한국어와 영어의 언어적, 문화적 차이로 인하여 번역할 때 생겨나는 어색한 표현과 적절하지 않은 단어 선택 등은 저를 불편하게 합니다. 또한, 문학에서는 영어 단어의 발음이 독자들에게 전달하는 분위기도 존재하기에 번역서를 읽는 것보다 원서로 읽는 것을 더욱 선호하게 되었습니다.

영문법과 영어 단어의 시대를 살아온 저에게 직독직해는 영어 지문을 정확하게 이해하기 위한 필수 과정이었습니다. 하지만 오랜 시간 영어공부를 하고 영어를 가르치면서 직독직해하는 습관이 영어 읽기 습관을 망칠 수 있다는 사실을 깨달았습니다. 제가 아끼는 S라는 친구가 있었습니다. S는 영어유치원을 졸업하고 영어유치원 연계학원과 영어도서관을 꾸준히 다니며 영어를 공부하였습니다. 하지만 S가 초등학교 4학년이 되자 S는 영어 단어와 영문법을 위주로 공부하는 내신학원으로 옮겨갔습니다. 평소 수업을 잘 따라가고 이해도가 높았던 S는 그곳에서도 어려움 없이 잘 따라가는 듯 보였습니다. 그렇게 시간이 흘러 방학 동안 집중적으로 영어책을 읽기 위하여 저를 다시 만나게 되었습니다. 고등학교 1학년 모의고사 문제 풀이를 하면서 아이는 제게 지문을 읽어주고 해석하게 되었습니다. 아이는 갑자기 문장을 끝에서부터 해석하기 시작하였습니다. 당황한 저는 아이를 멈추고 문장의 끝 단어부터 해석하면 안 되는 이유에 대하여 설명해주었습니다.

가장 중요한 문제는 아이가 자신이 해석한 문장의 한글을 이해하지 못할 수 있습니다. 주어진 단어와 문장이 단순할 때는 직역이 가능합니다. 하지만 단계가 올라가고 문장이 복잡해질수록 아이에게 한국어로 해석된 영어 문장조차 이해하기 어렵습니다. 또한, 해석한 문장을 정확하게 이해하는 것은 어려울 수 있습니다. 왜냐하면, 언어적, 문화적 차이로 인하여 미묘한 뉘앙스까지 모두 이해하도록 해석하는 건 초등학생에게 힘든 일입니다.

수능에서 영어 지문을 한국어로 모두 바꾸어 해석하여 답을 찾는 다면 시간 안에 모든 지문을 읽고 답을 찾기 어렵습니다. 주어와 동사를 찾아 문장을 자르고 뒤에서 꾸며주는 수식어를 일일이 표시하면서 해석을 하다 보면 주어진 시험 시간은 끝납니다. 한국어 지문을 읽듯, 편하고 자연스럽게 읽고 답을 찾아야만 시간 안에 주어진 지문을 모두 소화할 수 있습니다. 대치동에서 수능 영어를 집중적으로 가르치시는 일타강사들이 하나같이 하는 말이 있습니다. 영어책을 많이 읽지 않았다면 수능 영어 1등급은 포기하라고 강의를 시작하기 전에 선언합니다. 또한, 수능 지문은 한국어로 해석해도 한국어 문장을 이해하지 못하기에 해석하는 연습은 큰 의미가 없다고 설명합니다. 지문은 문학적 비유와 함축을 담고 있기에 전문을 꼼꼼하게 읽어 필자의 정확한 의도를 파악할 수 있어야 합니다. 한 문장을 한국어로 해석한다더라도 결코 답을 찾을 수 없습니다.

영어는 언어이기에 결코 수학처럼 공식에 따라 답이 떨어지지 않습니다. 하지만 맞아떨어지는 답처럼 만들기 위하여 문법과 단어를 찾을 필요는 없습니다. 영어책 읽기는 한국어로 가득 찬 생각을 영어의 흐름 속에 던져 함께 흘러가도록 만드는 것입니다. 직독직해를 통하여 전 지문을 소화하려고 하는 건 급류를 거슬러 오르기 위하여 헤엄치는 것과 같습니다. 하지만 영어책 정독과 다독을 통하여 영어를 있는 그대로 받아들이고 이해하는 것은 영어라는 거대한 흐름에 자신을 맡기는 것과 같습니다.

읽으면 꼭 요약하도록 도와주세요

책을 읽으면 꼭 해야 하는 활동이 있습니다. 그것은 바로 독후감 쓰기입니다. 저는 모든 교육에 있어 글을 읽고 이해하여 자신의 언어로 요약해서 적는 활동이 기본 중의 기본이라고 믿습니다. 요약은 모든 문해력의 기초가 되어줄 것이며, 독후감을 쓰면서 생각을 정리하는 과정을 통하여 아이들은 세상을 더 넓은 시각으로 바라보게 됩니다.

저는 책을 읽고 나면 가장 중요한 활동이 책 내용을 요약하고 생각을 정리하여 글로 남기는 것으로 생각합니다. 성인이 된 지금도 책을 읽고 나면 독후감을 손으로 쓰기도 하고 인스타그램과 같은 SNS에 남기기도 합니다. 나중에 다시 읽었던 책이 떠오를 때면, 적었던 독후감을 찾아보기도 하고 다시 읽기 전에 참고하기도 합니다. 요약이 중요한 이유는 글의 핵심을 찾는 연습이 되기 때문입니다.

　간혹 그런 생각을 합니다. 영어책 천 권 읽기와 같은 다독에 대한 콘텐츠가 올라오면, 우리 영어도서관에서는 영어책 천 권까지는 읽히지 않는데 어떻게 소설까지 읽을 수 있는 실력으로 향상하는 걸까? 라는 의문입니다. 또한, 영어유치원에서 오르지 않던 리딩지수가 단 8회의 방학 특강만으로도 점수가 잡히거나 타 어학원에서는 그림책 이상을 못 읽던 아이가 우리 영어도서관에서는 Chapter books부터 소설까지 쭉쭉 진도가 나가는 것을 보면서 어떤 활동이 아이들의 영어 실력 향상에 영향을 주는지 관심을 두게 되었습니다. 제가 내린 결론은 책을 읽고 정확하게 요약하는 연습이 좋은 결과를 만들어냈다는 것입니다.

　초등 전체 과정에서 제일 연습을 많이 시키고 제대로 훈련이 되어야 하는 활동이 바로 글을 읽고 요약 정리하는 것입니다. 요약정리를 제대로 할 수 있다는 건 글을 제대로 읽고 이해했다는 의미이기도 합니다. 요즘 아이들을 보면 안타까운 마음을 숨길 수 없을 때가 있습니다. 그것은 바로 학교 선생님이나 학원 강사가 나눠주는 요약본에 의지하여 정답만 찾는 학습에 익숙해져 있는 현실입니다. 일반적으로 영어나 국어 학습은 글을 읽고 생각하여 자신의 것으로 만든 후, 요약 정리하는 과정에서 실력 향상이 이루어지지만, 대부분 아이는 강의를 듣고 강사가 나눠주는 요약본에 필기하고 문제를 풀어본 뒤, 오답확인만 하고 넘어갑니다. 오답을 확인할 때는 정확하게 오답 노트를 써 내려가야 하지만, 해설지를 읽어보고 무슨 뜻인지 이해된다고 생각하면 더는 고민하지 않고 다음 단계로 넘어갑니다. 결국, 모든 학습 과정에서 배운 내용을 완전히 '자신의 것'으로 만드는 과정은 거치지 않고 문제만 풀어보고 진도를 나가는 것에만 급급한 공부를 합니다.

너무나 빠른 속도로 변화하는 요즘, 아이들은 자신이 무엇을 배우는지 생각해볼 시간적 여유도 가지지 못하고 선행이라는 쳇바퀴 속에서 돌고 있기만 합니다. 그리고 기본을 제대로 닦지 않은 채 문제 풀이식 선행학습을 거친 아이들은 각자의 모래성이 서로 크다며 싸웁니다. 고등학교 진학하여 1년이 지나면 현실이라는 파도에 모두 쓸려 내려갈 모래성인 줄도 모르고 학원에 다니는 동안은 견고하다고 믿습니다. 정말 안타까운 일입니다. 이 모든 불행을 막기 위해서 초등학교 저학년 때부터 꼭 거쳐야 하는 과정이 바로 요약 정리하는 연습입니다. 학교에서 무엇을 배웠는지, 선생님이 어떤 설명을 하셨는지,

글을 읽고 나면 글이 말하고자 하는 핵심이 무엇인지, 글을 읽고 어떤 생각을 했는지, 간단하게라도 끊임없이 생각하고 정리하여 말하거나 쓰는 연습을 해야만 상급 학교로 진학하고 난 후에도 무너지지 않는 단단한 실력을 쌓을 수 있습니다.

Chapter 4

영어 쓰기는 초등학교 4학년에
본격적으로 시작하세요

내신영어 따로 하지 마세요

상담하다 보면 이런 질문을 들을 때가 있습니다. "내신영어는 언제 시작해야 하나요?" 성문영문법을 정답으로 여기며 성장한 밀레니엄 세대들에게는 영어를 목적별로 분류합니다. 그러나 저는 영어를 내신영어와 수능 영어, 그리고 영어 회화 등으로 나누는 것을 추천하지 않습니다. 영어는 그냥 언어로서의 영어입니다. 학교에서, 또는 인증 시험을 통과하기 위해 열심히 공부하던 영어가 외국인들과 회의나 토론, 대화 등을 할 때 제대로 활용되지 못한다면 그 영어 학습법은 절대 유용하지 않습니다. 밀레니엄 세대들이 영어 공부하던 그 당시에는 매일 학교에서 영어공부를 하지만 외국인을 만나면 영어로 한마디도 못 한다는 것이 논쟁거리가 되던 시절이었습니다. 지금은 시대가 변하여 세계화되면서 시험 영어도, 영어 회화도 놓칠 수 없는 마음으로 아이들을 가르쳐야만 합니다. 유창하게 영어로 말하는 실력도, 시험에서 만점을 받는 실력도 포기할 수 없습니다. 그렇기에 학부모는 아이가 초등학교에 다니는 동안에는 원어민과 오직 영어로만 수업이 진행되는 곳으로, 중고등학교에 보내고 나면 내신과 수능 영어에 맞춰 공부하는 학원으로 옮깁니다. 하지만 이 모든 움직임 속에서 학부모는 영어 교육의 본질을 놓치고 있습니다. 내신영어든, 영어 회화든, 영어는 결국 하나의 언어로서 기능하기에 내신영어가 따로 존재한다고 생각하고 공부하는 것은 언어로서 영어를 이해하고 받아들이는 것을 방해합니다. 즉 영어 자체를 잘하기 위하여 영어를 공부하고 받아들인다면 내신영어도, 유창한 영어 회화도, 수능 영어 만점도 모두 가능합니다.

저는 영어가 제 '소울랭귀지'라고 말합니다. 영어를 사용할 때면 제 자존감이 올라가고 기분이 좋아지기 때문에 영어를 좋아합니다. 누군가의 인정을 받아서도, 필요한 영어 점수를 얻어서도 아닙니다. 그냥 영어를 읽고 쓰고 말하고 듣는 순간, 저는 더 넓은 세계와 연결되어 소통하는 느낌을 받기에 영어를 사랑합니다. 하지만 한국에서는 제가 영어를 공부해야 하는 첫 번째 목적이 시험이었습니다. 영어는 필수과목이기에 학교에서 좋은 점수를 받아야 하고, 수능에서 영어가 포함되어 있으므로 꾸준히 공부해야만 했습니다. 되돌아보면 저는 중학교 시절 내신 점수를 잘 받기 위한 영어공부에 집중하였습니다. 고등학교에 진학 후 마주한 토플 독해 문제는 제게 당혹함 그 자체였습니다. 듣기 문제를 풀 때 아무리 들으려고 노력해도 잘 들리지 않았습니다. 저는 본문을 외우고 정해진 문법과 단어를 공부하면 되는 중학교 내신에서는 원하는 점수는 받을 수 있었지만, 영어를 잘하지 못하였기에 실전에서는 크게 좌절감을 느낄 수밖에 없었습니다.

 영어는 길고 긴 마라톤과 같습니다. 영어를 잘하기 위해서는 단순히 문법과 단어, 독해문제집을 푸는 것만으로 부족합니다. 영어를 잘하기 위해서는 일정 부분 영어 환경에 노출되어야 할 필요성이 있습니다. 우리는 단기간에 결과를 내기 위해 마음이 조급해지거나 불안해질 때면 우리 아이에게 진짜 필요한 답을 선택하는 것이 아니라 현재의 불안함을 없애기 위한 대안을 찾기 위해 기웃거리게 됩니다. 그렇게 기웃거리는 시간은 아이의 소중한 시간을 허비하게 됩니다. 긴마라톤 같은 영어 학습 기간 속에서 내신영어든, 영어 회화든 영어는 결국 다 같은 영어라는 사실을 기억하며 마음의 중심을 잡아야 합니다.

문법에 집착하는 순간, 영어와 멀어집니다

학원에서 상담을 진행하다 보면, 최근 영어 학원을 옮겨가는 연령대가 낮아지는 것을 알 수 있습니다. 예전에는 초등까지는 최대한 많은 책을 읽고 중학교로 올라가야 한다고 생각했지만, 최근에는 초등 4학년만 되어도 문법과 단어 등을 하는 내신학원으로 발길을 돌립니다. 그렇게 되면서 아이들에게 영어책을 접할 시간이 점차 줄어들고 형식적인 영어공부에만 매달리는 시간이 늘어나게 됩니다. 하지만 10년이 넘도록 영어를 가르치면서 깨달은 사실은 영어책을 놓는 순간, 영어 실력은 점차 떨어지게 된다는 것입니다. 또한, 문법을 너무 일찍 넣게 되면 아이는 오히려 영어와 멀어지게 됩니다. 하지만 아이의 영어 실력이 떨어졌다는 것도, 아이가 영어와 멀어졌다는 사실도, 본격적으로 결과를 내야 하는 고등학교 시험을 치르는 순간까지는 깨닫기 힘듭니다. 당장 중학교 내신까지는 영어책을 읽지 않아도 점수를 잘 받을 수 있습니다. 영어책을 충분히 읽지 않은 아이들의 후회는 고등학교에 진학하여 본격적으로 내신과 모의고사 등으로 시험 치를 때 하게 됩니다.

상담을 진행할 때, 문법을 최대한 늦게 시작하도록 권장합니다. 한국어로 예를 늘게 되면, 한국에서 성장하여 한국어를 모국어로 하는 아이들이 문법 공부를 본격적으로 시작하는 시간은 중학교 진학하여 '생활 국어'를 할 때입니다. 언어를 배우고 언어 실력을 향상하는 데 필요한 것은 문법 공부가 아닌 폭넓은 독서를 통하여 다양한 문장을 접하고 문장 속에서 어떻게 단어들이 사용되는지를 반복적으로 접하면서 자연스럽게 익히는 것입니다. 또한, 독서와 다양한 독후활동들을 통하여 배운 단어와 문법을 사용하여 자신만의 생각을 표현하면서 언어능력을 향상하는 것입니다. 그렇게 초등 6년 동안 교과서와 다양한 독서 활동들을 통하여 한국어체계를 구축하고 난 뒤, 중학교에 진학하게 되면 탄탄하게 잡힌 언어 체계를 정교하게 정리하는 단계에 들어갑니다. 하지만 우리는 일제강점기 시절부터 내려온 일본식 영어에서 벗어나지 못하였습니다. 언어를 제대로 배우는 순서가 아닌 오히려 그 반대로 영어를 배우고 있습니다. 파닉스를 공부하고 단어를 외우고 문법 순서대로 문장을 만드는 연습을 하고 문법대로 문장을 이해하는 연습을 합니다. 이렇게만 들으면 문제가 없는 듯 보이지만, 여기서 가장 큰 문제는 사실 문제가 없어 보인다는 점입니다.

현장에 있으면서 만 명이 넘는 아이들을 만나고 수업을 진행하면서 깨달은 사실은 문법이 들어가는 순간 아이의 영어는 멈추게 된다는 것입니다. 문법과 단어를 공부하는 순간, 아이와 학부모 모두 영어공부를 한다는 이상한 착각에 빠지게 됩니다. 파도가 한 번 휩쓸면 사라질 모래성을 쌓지만 언젠가는 영어를 완성할 수 있다고 믿습니다. 영어 단어를 모두 정확하게 공부하는 것도, 문법이 완성되는 것도 불가능하지만, 성실하게 지속하다 보면 언젠가는 굳건해지리라 생각합니다. 제가 아이들에게 문법을 알려주지 않는 이유가 하나 있었습니다. 섣불리 시작된 문법 공부는 아이들이 영어로 말하고 쓸 때, 더욱 헷갈리게 만듭니다.

문법 세대를 살아온 학부모는 막연히 많은 단어를 외우고 정확하게 문법을 공부하는 것이 영어를 구사하기 위한 필수 조건이라고 믿습니다. 학부모의 이런 인식은 아이들의 영어공부에 도움은커녕, 오히려 부정적인 영향을 미치게 됩니다. 단어와 문법에 치중하게 되면 언어로서 영어를 배우는 것보다는 마치 사회, 역사와 같은 암기과목을 공부하는 방식으로 접근합니다. 언어에서는 같은 단어라고 해도 상황과 시기에 따라 그 의미가 조금씩 다르게 사용되기에, 언어에 노출되는 과정에서 자연스럽게 터득해야만 합니다. 또한, 문법은 공식을 암기하는 것이 아니라 많은 문장을 읽고 이해하면서 자신도 모르는 사이 문법의 특정 공식을 체득해야 합니다. 그러한 단계에서 문법을 배우게 되면 쉽게 이해하고 받아들일 수 있습니다. 그렇기에 영어를 단어, 문법, 독해 따로 떼어 공부하는 것은 영어를 언어로 받아들이기보다는 정답이 존재하는 여타 과목과 같다는 인식을 심어줍니다. 영어를 시작하는 단계에서는 잘 드러나지 않지만, 난도가 올라가면서 난관에 부딪힙니다. 즉, 책을 읽으며 자연스럽게 이해하지 못하고 계속 단어와 문법으로 문장을 해석하며 기계적인 직역을 하는 습관이 배면 영어독해가 더욱 어렵게 됩니다. 상황에 따라 문장 속에서 맥락을 이해하는 방식으로 공부해나간다면 중급, 고급과정으로도 무리 없이 올라갑니다.

하지만 많은 아이를 가르치면서 문법 공부는 지식을 하나 더 알아가는 것에 지나지 않는다는 사실을 깨달았습니다. 영어를 사용할 때, 자연스럽게 나오는 단어나 문장은 공부로 익혀지지 않습니다. 영어를 읽고 듣고 말하고 쓰는 활동으로 자주 노출되면 될수록 자연스럽게 몸에 배어 나옵니다. 중학교에 진학한 아이에게 To 부정사에 관한 설명을 해주었습니다. 아이는 열심히 설명을 듣고 문제도 함께 풀어보면서 문장에 적용하는 연습도 했습니다. 여기까지는 아이가 어렵지 않게 따라와 주었지만, 아이가 직접 문장을 만들 때, 모든 동사 앞에 to를 넣었습니다. 아직 to 부정사를 활용한 예문이 머릿속에 정확하게 들어가 있지 않았기에 아이에게는 to 부정사가 너무 헷갈리는 개념이었습니다. to 부정사가 어려운 문법 개념이라서 아이가 헷갈렸을까요? 아이들이 문장을 만들기 시작할 때, 제일 먼저 배우는 문법은 바로 문장의 순서, "주어+동사+목적어/보어"입니다. 아이들은 문법을 생각하지 않고 영어로 말하면서 오히려 자연스럽게 문법에 맞춰서 자신의 문장을 만들어 말합니다. 하지만 영어로 글을 쓰는 순간, 영어 말하기로 연습해둔 기본 문장 순서가 틀려집니다. 아이들은 자신이 말하고 싶은 문장을 한 번 더 생각하면서 문법을 틀리게 적게 됩니다. 생각을 거치지 않고 나올 때는 문장의 순서를 따라 문장을 만들지만, 생각하면서 문장을 만들 때는 오히려 기본적인 문장의 순서도 틀리게 됩니다. 따라서 독서를 통해 언어 체계를 먼저 잡고 문법에 들어가야만 영어 향상의 효과를 볼 수 있습니다.

학부모는 자신의 아이가 배운 문법과 단어를 곧장 틀릴 때 영어 교육에 대한 고민이 깊어지게 됩니다. 여기서 주목해야 하는 사실은 틀리는 것 자체는 문제가 되지 않습니다. 인간은 지식을 배운다고 단번에 바로 기억할 수 없습니다. 문제는 학부모의 관심이 단어의 양이나 문법에 치중되어 있고 오직 이에 따른 시험 결과로만 아이의 실력을 판단하려는 현실입니다. 아이들이 당장 배운 단어나 문법을 기억하지 못하여도 매일 일정 분량의 책을 꾸준히 읽어야 합니다. 영어 시험 결과만이 아이의 영어 실력이라고 믿는 학부모는 배운 단어나 문법을 기억하지 못하면 아이가 집중하지 않았거나 대충했고 믿습니다. 문법을 배우고 단어를 외운다고, 모든 문장을 제대로 이해하고 모든 문제를 맞힐 수 없습니다. 문법을 이해할 수 있는 단계가 아님에도 문법에만 치중하여 지속하여 맞고 틀리는 평가의 과정을 거치게 되면 아이는 자연스럽게 영어에 대한 흥미와 자신감을 잃어버리게 될 뿐만 아니라 마치 문법을 영어의 중심으로 잘못 인식하며 영어와 멀어지게 됩니다.

어른인가요? 아뇨, 초등학생입니다

상담을 하면서 제일 많이 하는 말은 "어머니, 아직 초등학생이에요"입니다. 아이가 초등학교 4학년만 되어도 학부모는 조급함을 느끼기 시작합니다. 또한, 어른인 자신과 같은 사고 수준으로 생각할 수 있다고 믿습니다. 그렇기에 학부모는 아이가 집중하지 못하거나 실수라도 하면 아이를 이해하지 못합니다. 어쩌면 당연할 수 있습니다. 그러니 "개구리 올챙이 적 기억 못 한다."라는 속담이 있는 것이 아닐까 싶습니다. 저 역시도 그랬습니다.

매일 아이들을 만나면서 이해하기 힘든 모습들이 많았습니다. 어떤 모습은 너무 이기적이라서 놀라기도 하고, 어떤 모습은 가정 교육이 안 되어있다며 몰래 혀를 차기도 하였습니다. 하지만 아이들이 읽는 영어책을 수업 준비를 위하여 읽으면서 저 역시도 그런 시간을 지나 어른이 되었다는 사실을 깨닫게 되었습니다. 아이들을 저와 같은 인격체로 보되 아직 성장하고 배우는 어린이 또는 청소년이라는 사실을 기억하면서 아이들을 마주하자, 기적처럼 아이들은 제게 영어 실력 향상이라는 결과물을 보여주었습니다. 저는 아이들이 자신을 진심으로 인정하고 자신의 가능성을 믿어주는 어른에게는 최고의 모습을 보여주기 위해 노력하는 모습을 보았습니다. 어른들도 마찬가지입니다. 자신을 인정하고 가능성을 믿어주는 사람에게는 최선을 다하지만, 자신을 못 미더워하거나 무시하는 사람에게는 똑같은 모습으로 대합니다. 아이들 또한 마찬가지입니다. 학부모들은 이러한 현상들을 이해하고 아이들을 대한다면 학부모들의 생각보다 빨리 성장하는 아이들을 보게 될 것입니다.

또한, 아이들에게 인간은 죽는 순간까지 배우고 성장해야 하기에 삶을 살아가는 동안 가장 중요한 것은 실수하며 배우는 과정이라는 설명을 해주면 아이들은 편하게 영어를 받아들입니다. 영어를 싫어하는 아이들의 특징이 있습니다. 이과적 머리가 좋아 수학처럼 정해진 답을 찾는 것에는 익숙한 아이들이 영어를 좋아하지 않는 때가 종종 있습니다. 아이는 분명히 열심히 수업을 듣고 공부하여 시험에 임하지만, 수업에서 배운 대로 문제에 적용하지 못하거나 밤새 외운 단어가 기억나지 않는다면 아이들은 자괴감에 빠지게 됩니다. 아이들과 책에 관한 이야기를 나눌 때면, 제 눈치를 보는 친구들이 있습니다. 독서를 하는 가장 중요한 이유는 책을 통하여 배운 내용을 다시한번 생각해보며 삶에 적용하여 성장하는 것입니다. 그렇기에 아이들에게 생각을 물어보면 아이들은 제 눈치를 보기 시작합니다. 자신이 말하는 생각이 정답일까 아닐까 고민하면서 선생님 눈치를 살핍니다. 그럴 때면 아이들에게 항상 해주는 말이 있습니다. '같은 의미라도 다르게 표현되는 경우가 많아. 하나의 정답만 있는 게 아니야'라고 말입니다. 아이들은 꼭 정답이 한 개가 있고 자신이 그 정답을 정확하게 맞혀야 한다는 강박감이 마음에 자리하고 있는 모습을 보면, 이래서 영어 공부하는 사람들이 자신감을 느끼지 못하고 없는 정답을 찾느라 헛되이 수고하는 게 아닌가 하는 생각을 합니다.

사람이 자원인 대한민국에서 아이들은 너무 어릴 때부터 치열한 경쟁 속에서 정답을 찾는 일에만 집중하며 성장하는 것은 아닌지 되돌아보게 됩니다. 아이들은 자신의 나이에 맞게 세상을 바라보고 생각하며 성장할 때, 더 큰 그릇의 어른이 될 수 있습니다. 어린 시절에는 철이 빨리 들었다, 어른스럽다는 칭찬이 좋다고 생각하였지만, 어른이 되고 보니 이러한 칭찬들은 단지 어른들이 아이들에게 하는 가스

라이팅이라는 생각을 하였습니다. 어른들이 원하는 모습을 보여주는 것, 그리고 그것이 옳다고 어릴 때부터 가스라이팅을 합니다. 어른들은 자신의 기대를 아이들에게 투영하는 경향이 강합니다. 아이가 자신의 성향에 맞게 성장하여 각자 이룰 수 있는 꿈을 이루도록 도와주는 것이 아니라, 오히려 어른이 원하는 모습으로 성장하고 살아가도록 아이의 기회를 빼앗습니다. 즉 아이들은 자신만의 가치관과 세계관을 구축할 시간조차 없이 어른들이 원하는 가치와 세계를 그대로 받아들이면서 사회가 말하는 행복만을 좇아 살아가도록 키워집니다. 아이는 어린애처럼 생각하고 행동할 때, 그리고 어른들은 어린애 같은 아이들을 사랑으로 보듬어 줄 때, 아이들은 자신이 숨긴 가능성을 자신 있게 펼쳐 보이게 됩니다. 영어도 마찬가지입니다.

외국어를 받아들일 준비가 되어있는 아이들

우리의 마음 한구석에는 영어가 숙제처럼 숨어있습니다. 우리는 아이들이 영어로부터 자유롭게 성장하도록 많은 돈과 시간을 투자합니다. 심지어 영어 발음과 두려움을 없애기 위해 갓 태어나 시력도 뚜렷해지기 전인 아기일 때부터 영어 노출을 시작합니다. 좀 더 자라면 영어유치원에서부터 영어 학원까지 할 수 있는 모든 노력을 동원하여 영어공부를 합니다. 그러나 안타깝게도 우리의 소망과 달리 아이들은 노력한 결과만큼 대답해주지 않습니다. 노력한 것과 하지 않은 것이 차이가 없다고 느낄 때도 있고, 영어에 질리거나 더 영어를 하지 않으려고 하는 경우도 볼 수 있습니다. 그런데 학부모들은 왜 이토록 이른 시기부터 영어 학습에 서두르는 모습을 보여줄까요? 그것은 막연하게 빠르면 빠를수록, 그리고 더 많은 시간을 영어에 노출하면 영어를 잘하게 된다는 기대나 믿음 때문입니다. 그러나 우리 아이들은 대학까지 공부한다고 해도 만 19세까지는 공부해야 하기에 처음부터 너무 진을 빼게 되면 나중에 본격적으로 가속페달을 밟아야 하는 시기에 힘을 제대로 발휘하지 못하여 속도를 내지 못하게 됩니다. 아이의 성장 단계에 맞는 강도와 학습량으로 특정 패턴을 만들어 아이가 싫증을 내거나 중단하지 않도록 해주어야 합니다. 본격적으로 영어공부에 집중해야 할 시기는 초등학교 고학년이 올라가는 시기입니다.

최근 영어를 시작하는 나이가 어려지면서 영어를 늦게 시작하는 학부모는 아이의 영어공부를 제대로 챙겨주지 못했다며 민망한 기색으로 영어도서관에 찾아옵니다. 학부모의 교육 철학에 따라 아이가 영어를 받아들일 수 있는 나이가 될 때까지 기다렸지만, 주변에서 하는 수많은 조언 속에서 위축된 모습을 보여줍니다. 종종 눈물을 보이시는 학부모도 있습니다. 하지만 저는 웃으면서 늦지 않았다는 설명을 꼭 합니다. 언어 학습에 있어 가장 중요한 준비물은 아이의 마음입니다. 마음 밭이 좋으면 어떤 씨앗을 뿌려도 무럭무럭 잘 자라지만, 마음 밭이 좋지 않으면 아무리 좋은 씨앗을 뿌리고 영양분을 주어도 튼

튼하게 성장하지 못합니다. 한국어체계가 탄탄하고 학교에 순탄히 적응하여 선생님의 지도 사항을 정확하게 이해하고 따를 수 있다면 아이는 영어를 받아들일 준비가 되어있다고 말합니다. 영어를 받아들일 마음이 준비된다면 아이들은 영어를 읽는 법을 배우며 영어의 세계로 들어오는 순간, 믿기 힘든 속도로 성장하는 모습을 보여줍니다.

영어를 일찍 시작하지 않았지만 빠른 성장을 보여준 좋은 사례가 있습니다. J는 화목한 과정에서 가정 교육을 정확하게 받은 아이였습니다. 아이의 어머니는 아이가 한국어책 읽기를 너무 좋아하여 일부러 영어를 가르치지 않고 기다려주셨다고 하였습니다. 하지만 아이가 초등학교 3학년이 되면서 학교에서도 영어 수업이 진행되면서 가정에서 어머니와 함께 알파벳 공부를 시작하게 되었습니다. 책을 좋아하는 아이였기에 영어도 책을 통하여 즐겁게 배우기 원하여 아이와 함께 영어도서관을 방문하였습니다. 아이는 자신이 좋아하는 책을 통하여 영어를 배우게 되면 거부감 없이 자연스럽게 영어를 받아들이기 시작하였습니다. 아이는 처음 영어책을 읽을 때는 자신의 한국어책과 영어책 단계, 그리고 감수성 등이 맞지 않아 큰 흥미를 보이지 않았지만, 아이는 성실하였고 선생님과의 소통에 어려움이 없어 기본기를 찬찬히 밟아 나갔습니다. 그렇게 단계를 밟아 영어 학습을 진행하여 자리가 잡히자, 그 아이는 폭풍 성장을 보여주었습니다. 점차 이야기 속에서 문학적인 요소가 많아졌지만, 한국어책을 읽던 즐거움으로 영어책에 몰입하였고, 1년이 지나지 않아 소설을 읽기 시작하였습니다. 그 후, 자신이 좋아했던 번역서를 영어 원서로 읽으면서 영어의 매력에 빠지게 되었고, 어머니가 원하셨던 한국어책과 영어책을 모두 사랑하는 아이로 성장하게 되었습니다.

저는 자연스럽게 영어 환경에 노출되는 것도 좋지만, 한국어를 제대로 하지 못하는 너무 이른 나이부터 영어를 시작하는 것을 그렇게 추천하지 않습니다. 현재 영어도서관을 다니는 첫째 아이의 재원생 학부모 중 둘째 아이의 영어 시작 시기에 관해 물어보시면, 초등학교에 입학하여 적응하고 나서 생각해보는 것을 권하는 편입니다. 가정에서 학부모가 영어책을 읽고 자막 없이 영어를 보며 자연스럽게 영어에 노출해주는 것이 아니라 아이의 의사와 상관없이 진행되는 영어 교육은 언젠가 무너질 수 있습니다.

영어도 한국어도 자연스럽게 구사하는 아이들을 보면 좋아 보입니다. 그러나 언어를 잘 구사한다는 건 매우 어렵습니다. 우리는 영어를 할 수 있습니다. 하지만 우리가 필요한 곳에서 적절하게, 정확하게 사용할 수 있는 도구로써 영어를 할 수 있는 사람은 매우 적습니다. 유학을 오래 하면, 영어 환경에 익숙해져 한국어를 잊어버리기에 이야기 도중 적절한 한국어 단어가 떠오르지 않아 곤욕을 치르는 경우가 잦아집니다. 역으로 적절한 영어 단어가 떠오르지 않을 때도 있습니다. 종종 언어가 머릿속에서 충돌하는 느낌을 받을 때도 있습니다. 언어 체계가 잡힌 성인들이 겪는 어려움을 어린아이들이라고 피해가지 않습니다. 어떤 일이든 순리가 존재합니다. 그리고 그 순리에 따라 아이가 성장할 필요도 있습니다. 공교육에서 영어를 초등학교 3학년 때 시작하는 것도 그와 같은 이유이지 않을까 싶습니다. 너무 이른 나이에 영어를 시작하면 한국어도, 영어도 제대로 할 수 없게 될 가능성이 있습니다.

영어, 나를 표현하는 능력을 키워야 합니다

 "영어를 왜 해야 하나요?" 제가 학부모 상담하며 즐기는 기습 질문입니다. 이 질문에 대해 명확한 답을 말하는 학부모는 드뭅니다. 학부모와 아이들은 막연하게 영어를 잘하면 내신 성적도 잘 받아 수능도 잘 치러 좋은 대학으로 진학하여 좋은 직업도 가질 수 있기에 영어를 공부해야 한다고 생각합니다. 하지만 이러한 이유만으로는 아이들이 영어공부에 집중하도록 돕지 않습니다. 오히려 엄마의 등쌀에 떠밀려 어쩔 수 없이 영어공부를 한다고 생각합니다. 저는 아이들에게 세상에 자신을 알리기 위해서라고 설명합니다. 요즘처럼 미디어가 발달한 세상을 살아가는 아이들은 자신을 드러내는 일에 거부감이 없습니다. 외향적인 아이들은 능동적으로, 내성적인 아이들은 수

동적으로 자신을 나타내고 인정받기 위해 노력합니다.

우리는 영어를 공부할 때, 읽고 듣는 영어 학습량의 임계치를 넘어야만 말하고 쓰는 아웃풋을 낸다고 생각합니다. 인풋에만 신경을 쓰다 보니, 말하기와 쓰기 단계를 늦추게 됩니다. 실제로 많이 듣고 읽고 난 이후에 제대로 말하려고 하는 아이보다 아무 생각 없이 단순하게 주어진 영어책을 읽고, 읽는 내용으로 틀려도 말하고 쓰려는 아이들이 오히려 영어 실력 향상이 빠릅니다. 영어는 언어이기에 다른 과목의 학습과 다릅니다. 말하고 쓰는 활동이 학습 효과에 큰 영향을 미칩니다. 이러한 학습 형태를 보더라도 영어를 배우는 목적이 자기 생각을 정확하게 표현하고 전달하는 것이라 저는 말합니다.

영어공부의 목적이 자기 생각을 정확하게 표현하는 것에 둔다면 굳이 시험 성적에 매달리지 않아도 괜찮습니다. 비록 문법이 조금 잘못되고 단어 선택이 어색하더라도 지속하여서 연습하다 보면 자연스럽게 고쳐집니다. 그러나 단어, 문법, 독해, 회화, 이런 식으로 분류해서 공부하다 보면, 자꾸 단어 선택은 적절한지, 문법은 정확한지, 자기 검열을 하기에 자신감과 순발력이 떨어집니다. 어차피 평생 하는 영어공부라고 생각하고 꾸준히 하면 어느새 정상에 도달하게 됩니다.

그러나 우리는 대학입시, 취업 시험에서 영어 시험을 치러야 하기에 내신이나 수능을 무시하고 공부할 수 없습니다. 당연히 병행하면서 공부하되 뚜렷한 영어공부에 대한 목적이 의사소통이라는 사실을 기억한다면 단지 시험을 위한 공부보다 더 쉽게 영어를 배울 수 있습니다. 그래서 저는 항상 1~2년만 하고 끝낼 영어공부가 아니기에 장기적인 관점에서 영어를 바라보고 공부해야 한다는 점을 강조합니다.

여의도에서 기업인과 직장인 대상으로 영어 수업을 하다가 만난 대기업 임원이 한 분께서 저와 영어에 관해 이야기하다가 제게 이런 이야기를 해주었습니다. 이제껏 자신에게 잘하는 영어는 원어민과 같은 발음으로 어려운 단어를 적절하게 사용하며 유창하게 말하는 것으로 생각했지만, 막상 영어를 업무에서 사용하다 보니 자기 생각을 정확하게 상대방에게 전달할 수 있는 영어가 제일 잘하는 영어라는 사실을 알게 되었다고 하였습니다. 영어를 공부하는 기본적인 이유는 자신을 표현하기 위해서입니다. 아이들이 학교 밖으로 나가 다양한 사람들과 만나고 교류할 때, 자기 생각과 이야기를 정확하게 상대방에게 표현하는 힘을 기르는 것이 영어공부의 기본입니다. 그리고 아이들은 생각을 상대방에게 명확하게 표현할 때, 스스로 뿌듯함을 느끼게 됩니다. 그렇게 차곡차곡 자신을 표현하는 연습을 하다 보면,

어느 순간 자연스럽게 세련된 표현을 사용하게 됩니다.

　학습에 있어 중요한 것은 궁극적인 목적과 목표입니다. 목적과 목표가 없는 학습은 옆집 엄마의 충고에 쉽게 흔들리고, 한 번의 성적과 점수에 뒤집힙니다. 또한, 갈 곳을 잃은 여정은 아무리 최선을 다해 노력을 쏟아부어도 허무하게 끝나 버립니다. 지금 아이의 영어 점수가 잘 나오지 않는다고 학원을 옮겨 다니기 전에 나는 왜 아이에게 영어를 가르치고 싶은지에 대하여 다시 한번 고민해보시기를 권합니다. 영어권 대문호들도 결코 "완벽하고 완전한" 영어를 구사할 수는 없었습니다. 미국에서 아무리 영문학을 공부하고 영어를 사랑한다고 하더라도 영어의 모든 단어를 기억하고 활용할 수 없습니다. 그렇기에 주입식 교육의 영어 학습이 심어준 결과인 문법과 단어가 완벽한 영어에 대한 기대가 아닌 아이에게 더 실용적이고 현실적인 영어를 목표로 나아가도록 이끌어주어야 합니다.

영작이 막연하다면 필사부터 해보세요

원서 필사가 가져다준 놀라운 효과

선생님을 채용할 때 제일 어려운 부분이 학원에서 요구하는 수준으로 독후감 첨삭을 할 수 있는 실력을 갖춘 분을 찾는 일입니다. 금리가 낮아지고 배낭여행과 워킹홀리데이 등으로 해외로 나갈 수 있는 문턱이 낮아지면서, 일상회화 및 비즈니스 영어는 어렵지 않게 구사하시는 분들은 많지만, 영어책을 읽고 토론하며 양질의 영작을 할 수 있는 실력자인 선생님을 찾기는 하늘의 별 따기입니다. 이러한 어려움으로 양질의 첨삭지도를 받을 기회가 한정되게 됩니다. 모두가 그러한 기회를 가질 수 없는 것이 불가피한 현실입니다. 만약 아이가 첨삭지도를 받을 수 있는 환경이 아니라면, 그 대안으로 필사를 많이 추천합니다. 특히, 고전을 영어로 필사하는 건 아이들의 문해력을 키워줄 뿐만 아니라 영작 실력도 향상하는 좋은 방법입니다.

영어 학습에 있어 마지막 단계는 영어 글쓰기라는 말이 있습니다. 자기 생각을 논리적으로 풀어 글을 쓴다는 일은 상당히 언어적 내공이 필요합니다. 우리는 삶을 살아가면서 언어 내공이 있는 사람을 만나기 쉽지 않습니다. 하지만 조금 더 넓게 생각해보면, 우리는 매일 대문호를 만날 기회를 외면하고 있습니다. 책이라는 모습으로 우리의 일상 깊숙이 들어 왔지만, 바쁜 삶 속에서 발견되지 못할 때가 많습니다. 실제로 많은 작가 지망생들은 자신의 필력을 키우기 위해 대문호의 작품을 필사합니다. 저 역시 미국에서 공부하며 영작 실력 향상을 위해 매일 필사를 했습니다. 영어 성경을 따라 적으면서 다양한 단어와 문형들을 자연스럽게 접하고 손으로 익히면서 훈련된 영어 글쓰기는 정확한 문법과 적절한 어휘를 편하게 활용할 수 있는 기틀을 마련해주었습니다.

원서를 읽고 배우는 영어도서관에서 근무하던 저는 수업을 잘 따라오던 아이들이 영어책 단계가 올라가면서 점차 힘들어하는 모습을 자주 보았습니다. 모든 페이지에 삽화가 있는 그림책을 읽던 아이가 삽화가 줄고 글자만으로 내용을 파악해야 하는 챕터북을 읽어야 하는 시기가 오면 아이들은 조금씩 힘들어하고는 했습니다. 그래서 어떻게 하면 아이들이 삽화가 없는 영어책을 친숙하게 느낄까에 관한 고민을 하였습니다. 그리고 효과를 극대화할 수 있는 영어 학습법에 대하여 끊임없이 생각했습니다. 그러다가 문득 필사가 떠올랐습니다. 필사를 해보면 좋겠다는 생각을 하였고, 그에 따라 적합한 책을 선정하기 위해 많은 영어책을 공부했습니다. 책 선정 기준은 먼저 1~2시간 내로 완독이 가능한 성인 영어책이었습니다. 이는 아이들을 가르치면서 책 한 권을 완독했을 때 아이들이 느끼는 성취감이 크며, 영어책에 대하여 도전의식도 높아졌기 때문입니다. 저 또한 영어책 읽기에 있어 가장 중요하게 여기는 것이 완독입니다. 어려워도 중간에 포기하지 않고, 이해가 힘들더라도 최선을 다해 읽다가 마지막 한 장을 넘기는 뿌듯함을 느끼도록 도와주는 일은 교육에 있어 매우 중요합니다. 그래서 책은 조금 어렵더라도 책 자체는 얇아 한 달 내외로 필사를 마무리할 수 있는 책을 선정하기로 하였습니다. 너무 어렵지 않지만, 그렇다고 너무 쉽지도 않은, 한 번에 완독이 가능한 책을 고르고 골라 "Who Moved My Cheese?"를 선택하였습니다. 책 속에 귀여운 주인공들이 이야기를 풀어나가며, 교훈은 강하지만 이야기 흐름은 복잡하지 않았습니다. 또한, 책이 상당히 얇고 가벼워 1시간이면 완독할 수 있기에 매일 1장씩 필사하면 30일 내외로 마무리할 수 있었습니다. 아이들이 필사할 수 있도록 교재를 제작하고, 외적 동기

부여를 위해 상품을 걸고 이벤트를 진행하였습니다. 아이들은 난이도와 상관없이, 단순히 보고 따라 적으면 되는 이 이벤트에 큰 흥미를 보였고 열심히 따라와 주었습니다. 저는 아이들에게 필사하도록 권장하였지만, 구문 해석을 시키지 않고 모르는 단어도 찾지 않아도 괜찮다고 하였습니다. 단지 종이 위에 보이는 영어를 그대로 따라 적기만 하였습니다. 하지만 필사가 반쯤 지나가나, 아이들의 영어 실력은 상향 곡선을 그리기 시작하였습니다. 아이들은 마치 스펀지처럼 영어를 받아들이기 시작하였고, 삽화가 줄어들고 글로만 내용을 이해하는 것에 어려움을 느끼지 않았습니다. 필사를 마무리할 때쯤, 아이들은 상품으로 얻은 치킨 쿠폰뿐만 아니라 더는 영어를 읽고 쓰는 것에 대한 두려움과 부담감을 덜어버리고 한 단계 올라갈 수 있었습니다.

사실 영어 말하기를 잘하기 위해서는 일정량의 영어책을 매일 꾸준히 소리 내 읽는 것이 상당히 큰 도움이 됩니다. 영어 글쓰기를 잘하기 위해서도 일정량의 영어책을 매일 꾸준히 따라 쓰는 것이 큰 도움이 됩니다. 하지만 인스타그램 등에 보면 영어책 읽기를 통하여 효과를 보지 못했다는 학부모들이 종종 있습니다. 실력 향상이 되지 않은 이유는 "일정량"을 "꾸준히" 한다는 것은 상당한 노력이 필요하므로 가정에서 매일 꾸준히 하지 못하기 때문입니다. 어른들 역시 작은 습관을 위해 일정량을 매일 꾸준히 하지 못하기에 매해 새로운 다짐으로 시작하지만 실패합니다. 감당할 수 없는 양을 목표로 잡기보다 완주할 수 있는 적은 양을 매일 꾸준히 조금씩 완성하는 연습을 통하여 성장하는 것이 마라톤과 같은 영어 교육에 있어 가장 중요합니다.

책 읽기, 왜 성과를 내지 못할까요?
몇 권, 언제까지, 어떤 방식으로 읽어야 할까요?

영어도서관에 있으면서 가장 안타까운 이야기는 책을 읽어도 영어를 잘하지 못한다는 하소연입니다. 학부모의 이야기를 계속 듣다 보면 대부분 아이가 영어책을 다양하게 충분히 읽지 않았다는 사실을 알게 됩니다. 제가 가진 이런 생각은 최근 저의 영어도서관 선생님을 채용하기 위한 면접을 보게 되면서 더 확실해졌습니다. '헤나(가명)'라는 선생님은 외국어 고등학교 출신에 수능 영어 만점, 그리고 영어권 국가로 석사 유학을 준비하고 있었습니다. 저는 그분의 면접에 앞서 영어독해 시험을 진행하고 결과를 확인했습니다. 나무랄 데 없는 실력이었고, 국내에서만 영어공부를 했지만, 면접 대화 과정에서도 원어민 못지않은 영어 실력을 자랑했습니다. 저는 어떻게 영어

공부를 했는지 궁금하여 질문하였습니다. 그분의 어머니께서는 아이를 키우기 위해 직접 영어독서지도사 자격증을 취득하여, 중학교 입학하기 전까지 가정에서 직접 영어책을 읽혔다고 했습니다. 그리고 영어책을 읽고 매일 일정량을 소리를 내 읽으며 녹음하도록 하였습니다. 중학교 때까지 꾸준히 영어책을 읽었다는 이야기를 듣고 면접을 온 그분보다 그렇게 지도하고 가르치신 어머니를 더 채용하고 싶은 마음이 들었습니다.

영어책만 충분히 읽어도 내신 시험과 수능, 그 외 각종 인증 시험을 대비하기에 충분합니다. 다만 혼자서 진행하기에는 무리이므로 학부모와 같이 읽거나 맞벌이 등으로 형편이 여의치 않으면 영어도서관을 잘 활용하는 것도 하나의 방법입니다. 제가 오랜 기간 영어도서관에서 아이들을 가르쳐 본 결과 일반 영어 학원과는 확연한 차이가 있습니다. 저도 여기서 근무하기 전에는 유명한 일반 어학원이 영어 공부하기에 유리하고 영어도서관은 그냥 책만 읽는 곳인 줄 알았습니다. 그러다 보니 학부모들의 그러한 인식도 무리는 아니라고 생각합니다. 영어도서관에서는 영작이나 책을 읽고 요약하는 방법, 핵심 키워드를 찾아내는 방법 등 효율적이고 다양한 방법으로 아이들을 지도하다 보니 학습 진도가 빠릅니다.

안타까운 현실은 영어책 읽기가 이렇게 영어 실력 향상에 많은 이점이 있지만 이를 잘 활용하는 학부모는 매우 드뭅니다. 책 읽기를 가르치시는 학부모라도 꾸준히 충분한 독서량을 제대로 읽히지 못하고 있습니다. 심지어 효과가 좋고 아이에게 꼭 필요하다는 사실을 알고 있지만, 학부모가 되면서 주변 학부모에게서 들리는 명확하지 않은 여러 조언은 바른길로 가고 있는 사람들의 옷자락을 잡아당깁니다. 이에 마음이 흔들리고 다 같이 잘못된 길로 들어서 결국 이도 저도 아닌 어정쩡한 영어 실력에 만족해야만 하는 결과를 낳게 됩니다. 행여 내 아이만 뒤처지지 않을까 걱정하며, 옆집, 앞집에서도 하니까 괜찮을 것이라고 믿으며 불안감을 잠재우기 위한 선택을 하게 됩니다. 주변 학부모 모두가 선택하는 길을 자신의 교육 철학 하나만으로 선택하지 않기란 정말 큰 교육 신념이 필요하기 때문입니다.

책을 언제까지 더 읽혀야 하냐는 질문에 영어책은 중학교 때까지는 읽도록 지도하는 것이 좋다고 말합니다. 중학교 때까지 읽게 되면 성숙해진 학습 능력과 배경 지식으로 다양한 인문고전까지 즐겁게 읽으며 넓은 세상을 바라볼 힘을 키울 수 있게 됩니다. 하지만 안타까운 사실은 아이가 조금만 잘 읽는 듯하면 대다수 학부모는 아이 손을 이끌고 내신학원으로 옮깁니다. 아이가 아직 챕터북을 읽지 못하지만, 학부모는 고학년이 되었다는 이유만으로 "본격적인 영어 학습"을 해야 하기에 영어책 읽기를 멈추고 문법과 단어를 공부하러 갑니다. 그리고 나중에 아이가 중고등학교에 진학하여 영어성적이 나오지 않으면 영어책을 읽었지만 독해 점수가 나오지 않는다며 한탄합니다. 대표적인 아동문학과 인문고전까지 읽지 않았다면 영어책을 읽었다고 말할 수 없습니다. 20년 전만 하더라도 챕터북 정도의 영어 실력으로도 시험에서 고득점이 가능하였지만, 이제는 시대가 바뀌었습니다. 단기나 장기 유학생들, 그리고 해외 체류 경험자들도 계속 늘어나고 있으며 초등학교 때부터 동남아나 영미권으로 영어캠프를 참여하기도 합니다. 영어를 실제로 접하는 기회가 많아지고 영어 학습이 아닌 영어 환경에 노출되면서 영어를 배웁니다. 영어 실력이 상향 평준화가 되는 요즘, 예전과 같은 방식과 기준으로 영어공부를 한다면 결코 따라갈 수 없습니다.

영어책을 어디까지 읽어야 충분히 읽었는지를 물어보신다면 1초의 망설임도 없이 인문고전을 부담 없이 읽을 정도라고 설명해 드립니다. 노인과 바다, 파리 대왕, 동물농장과 같은 고전들은 초등 고학년과 중학생 때 충분히 읽어야 좋습니다. 이런 말을 하면 학부모들은 아이가 100% 이해할 수 있냐, 주제 등을 파악할 수 있냐는 질문을 많이 합니다. 당연히 아이들은 영문학과 학생이나 교수처럼 학문적으로 깊이 있게 받아들이거나 이해하지 못할 수 있습니다. 하지만 책 내용을 충분히 이해하고 작가가 전달하고자 하는 메시지를 정확히 알아내는 등 학부모가 예상하는 수준의 이해도가 아니라고 하여 아이들에게 고차원적인 책을 읽히지 않는다는 것은 그만큼 학부모가 영어교육과 인문교육에 대한 명확하게 개념과 실천에 대한 이해가 부족하다고 할 수 있습니다. 책을 자세히 다 이해하기 위해서만 독서를 하지 않습니다. 비록 일부를 이해하고 깨달았다고 하더라도 그것을 바탕으로 더 크고 새로운 세상을 깨달을 수 있기에 독서를 해야 합니다. 예를 들어, 노인과 바다를 어렸을 때 읽으면 노인을 따르던 소년의 시선에서 사건을 바라볼 수 있습니다. 하지만 성장하여 다시 읽게 되면 노인의 시선에서 사건을 바라보며 어렸을 때의 시선과 달라진 어른의 시선을 비교하며 삶에 대한 더 깊고 날카로운 통찰을 하게 됩니다. 처음부터 인생과 삶의 의미를 명확하게 이해하면서 책을 읽을 수 없습니다. 그래서 저는 교육이 아는 것을 확인하는 과정이 아닌 모르는 세상을 배워나가는 과정이라고 말합니다. 주입식 교육에 익숙한 기성세대는 교육을 교육기관에서 알려준 지식을 외워 시험에서 백 점을 받아야 제대로 배웠다는 생각이 무의식중에 자리를 잡고 있습니다. 배움은 단순하게 암기한 내용을 토해내는 것이 아닌 새로 습득한 지식을 토대로 새로운 세상을 창조해내는 역량을 키우는 일입니다. 어릴 때 이러한 책들을 다양하게 읽히지 않는다는 건 어른들이 제공하는 제한된 기회와 가능성 속에서 아이들을 가둔 채 더 넓고 거대한 세상을 꿈꾸고 나아갈 기회조차 주지 않는 것입니다.

아이들은 한 단계 높은 이상을 바라보고 나아갈 때 성장합니다. 지능이 높아지고 세상을 받아들이는 그릇을 키워야만 합니다. 모르는 문제를 붙잡고 씨름할 때 아이의 뇌세포는 폭발적으로 늘어납니다. 그리고 이제껏 모르던 진리를 하나씩 깨달을 때, 아이들은 무엇보다도 더 강렬한 기쁨을 느낍니다. 영어도 마찬가지입니다. 모든 아이가 정확하게 이해하여 백 점을 받으면 당연히 좋겠지만 그렇지 않더라도 영어책을 통하여 새로운 세상과 마주하는 기회를 제공하는 것 역시 세상을 미리 살아본 어른들이 아이에게 주어야 하는 귀중한 선물입니다.

아이들은 어휘가 부족하고 세상 경험이 많지 않아 책을 읽고 완전히 이해하기는 어렵습니다. 그런데도 아이들은 책을 통하여 새로운 세상을 접하고 배우는 즐거움을 느끼게 해주는 일은 가르치는 저뿐만 아니라 아이를 양육하는 학부모들도 지켜야만 하는 의무입니다. 배움의 즐거움을 아는 아이들은 기꺼이 배움에 노력을 아끼지 않습니다. 즉 스스로 역량을 키워나갈 수 있게 됩니다. 단순히 아이가 이해하기 어렵다고 해서 이러한 모든 기회를 포기해서는 안 됩니다.

어디까지 읽혀야 하는지, 얼마나 읽혀야 하는지, 그리고 언제까지 읽혀야 하는지에 대한 정답은 없습니다. 하지만 저는 고등학교 입학 전까지 '위대한 유산'이나 '이기적 유전자'와 같은 인문고전 책들을 읽어야 한다고 추천하고 있습니다. 꼭 이 정도가 아니더라도 이에 가깝다면 충분합니다. 궁극적으로 우리는 평생 책을 읽으며 배우고 성장하기에 그 초석을 초등학교 때 닦아주어야 합니다. 다양하고 폭넓은 독서를 통하여 아이 스스로 성장하는 단계에 들어갈 때까지는 도와주어야 합니다. 그렇게 되면 이후에는 스스로 책을 읽는 습관이 몸에 배어 당연히 독서를 하게 됩니다.

Chapter 5

영어책 읽기는
중학교에서도 놓치지 마세요

학원을 너무 믿지 마세요

저는 영어도서관에서 근무할 선생님을 채용하기 위하여 면접 이력서를 살펴보다가 재미있는 사실을 발견하였습니다. 자신이 영어를 잘한다고 말하는 사람들은 많은데 진짜 영어를 잘하는 사람을 찾기 어렵습니다. 많은 사람이 자신의 영어 실력을 '상'이라고 표시하며 자신감을 보이지만, 실제 영어 실력을 확인하는 과정에서 상당히 실망할 때가 많습니다. 영어를 잘한다는 기준이 무엇인지 다시 한번 생각하게 됩니다.

영어도서관에서 제대로 된 수업을 맡아서 진행하기 위해서는 영어로 자기 생각을 자유자재로 말하고 쓸 수 있어야 합니다. 영어 소설을 읽은 아이들에게 사고력을 요구하는 질문을 던지고 아이들에게 생각을 정리하여 글을 쓸 수 있도록 이끌 수 있어야 합니다. 그래서 사전에 능력을 검증하기 위해 피면접자용 독해 시험을 진행합니다. 또한, 영어 교육의 현실적인 개선을 위하여 초등 영어 교육의 문제점에 관한 생각을 영어로 작성하여 제출하도록 합니다. 물론 이러한 것들에 대해 직접 영어로 말하는 면접도 합니다.

이러한 모든 것을 갖춘 마음에 쏙 드는 선생님을 찾기는 매우 어렵습니다. 영어 강사 경력이나 TESOL 자격증이 있다고 하더라도 그 자체가 앞서 언급한 영어 실력을 보장하지 않습니다. 해외에 다녀와서 영어 말하기는 유창해 보이지만, 영어로 글을 읽고 쓰는 실력은 중학생 수준에 머물러 있는 경우도 많습니다. 스스로는 영어를 잘한다고 말하지만, 어디서 자신감을 얻었는지 이해조차 하기 힘든 사람들이 많습니다. 현재 인지도가 상당히 높은 프렌차이즈식 영어유치원 출신 강사와 관리자들과 면접을 진행하고 난 뒤, 저는 학원에 대한 신뢰를 모두 잃어버리게 되었습니다. 영어 학원은 진입장벽이 낮기에 정말 실력 있는 선생님과 함께하기는 하늘의 별 따기인 경우가 많습니다.

학원에 보낼 때, 학부모는 많은 사항을 고려합니다. 학원의 브랜드, 원장의 교육 방침, 커리큘럼 등 꼼꼼하게 따지고 따져 결정합니다. 하지만 안타까운 현실은 요즘 학부모는 학원을 너무 신뢰합니다. 마치 학원만 보내면 현재 우리 아이가 가진 모든 문제점을 해결할 수 있다고 믿습니다. 학원은 보조수단에 불과합니다. 학부모가 가진 교육 방침을 도와줄 하나의 기관입니다. 학원은 결코 내 아이의 영어 실력이나 영어 점수를 책임지고 향상해주는 기관이 아닙니다. 믿고 보내는 것과 어련히 잘해주겠지라는 막연한 기대감으로 내버려 두는 것은 다릅니다. 상담하다 보면, 학원을 믿고 보내다 난감하게 된 경우를 많이 봤습니다. 당연히 잘하고 있겠다고 믿었지만, 고등학교에 진학하면서 난도가 급격하게 올라간 내신영어와 수능 모의고사를 제대로 따라가지 못하여 힘들어하는 모습들을 쉽게 봅니다.

제가 근무하는 영어도서관에 새로 들어오는 아이들에게 말하고 쓰는 능력을 알아보는 레벨테스트를 합니다. 그런데 종종 학부모들은 전에 다니던 학원에서 진행했던 영작 숙제를 가져와서 아이가 영어로 에세이를 쓸 수 있다고 말합니다. 아이가 적은 에세이를 살펴볼 때면 영어 사교육은 학부모의 환상을 먹고 자라는 분야라는 생각을 지울 수 없습니다. 아직 책에 대한 줄거리도 제대로 못 쓰는 아이들에게 책을 보고 베끼든, 쓸 수 있는 아주 단순한 문장들을 몇 개 나열하든,

상관없이 분량만 채우고 쓴 글을 학부모들에게 보여주며 에세이라고 합니다. 현실을 모르는 학부모는 아이가 에세이를 쓴다고 믿습니다. 더 안타까운 모습은 제대로 쓰지도 못하는 영어 문장이라도 '에세이'라고 쓴 경험이 있는 아이들은 자신이 영어를 상당히 많이 공부하였다고 착각합니다. 레벨테스트 과정에서 아이는 영어 말하기와 쓰기를 상당히 어려워하지만, 학부모와 아이 모두 그 현실을 부정하게 됩니다.

제가 고덕동에서 학부모 상담을 할 때였습니다. 아이들이 중학교로 진학해야 하는 시점이 찾아오자, 학부모들은 내신을 다루는 대형 어학원을 찾아 나섰습니다. 오픈 때부터 함께 수업하였던 학생 한 명이 유명 내신학원의 레벨테스트를 보러 갔습니다. 친구는 영어도서관에서 '해리포터와 마법사의 돌,' '번개 도둑,' '사자, 마녀, 그리고 옷장'과 같은 판타지 소설과 '동물농장'과 같은 고전을 영어로 읽었습니다. 아이는 선생님이 모든 단어와 문형, 문단 구조까지 변경하여 알려주는 영작 첨삭을 너무 좋아하였고, 스스로 영어를 배우고 실력을 향상하는 과정이라며 매우 만족하였습니다. 학생은 타 영어 학원에서 레벨테스트를 본 뒤, 제게 후기를 말해주었습니다. 레벨테스트를 치르기에 앞서, 해당 학원 선생님께서 시험이 어렵기에 놀라지 말라며 농담 반, 진담 반으로 이야기하였는데, 학생은 여기서 기분이 상하였다고 설명하였습니다. 실제로는 시험이 어렵지 않았고 학생은 최상위반으로 들어갈 수 있었지만, 학생은 결국 등록하지 않았습니다. 학생은 쉬운 문제를 어렵다고 말하는 학원 강사의 말에 자존심이 너무 상하였다는 설명을 덧붙였습니다. 학생은 내신학원으로 옮기는 대신, 중학교에 진학하여서도 영어도서관을 꾸준히 다니며 인문고전과 비문학서를 즐겁게 읽으며 배움의 기쁨을 느끼게 되었습니다.

그 해, 다른 학생 한 명이 다시 영어도서관을 찾아왔었습니다. 그 학생은 초등학교 4학년이 되던 해, 챕터북을 읽기 시작하면서 학원을 옮겼습니다. 아이는 내성적이었기에 영어로 편하게 말하도록 유도하는 시간이 필요하였습니다. 오랜 시간 학생이 영어를 편하게 받아들일 수 있도록 노력을 더 하였습니다. 그림책을 읽을 때까지만 하더라도, 학부모 상담도 꾸준히 받으시면서 적극적으로 아이를 영어도서관에 보냈지만, 챕터북으로 올라가는 순간, 학부모는 연락이 바로 끊겨버렸습니다. 사실 영어책 읽기에서 그림책은 준비 운동입니다. 영어를 즐겁게 읽고 이해할 수 있도록 몸을 푸는 시간입니다. 챕터북을 다양하게 읽으면서 영어 읽기의 내공을 조금씩 쌓게 됩니다. 하지만 챕터북에서는 그림책과 비교하면 단어는 어려워지지만, 문장이 다채로워지지는 않기에, 그림 없이 영어를 받아들이고 3음절 이상의 단어들과 가까워지는 시간을 가집니다. 또한, 내용을 정확하게 파악하고 영어를 꼼꼼하게 읽는 연습을 합니다. 그렇게 영어 내공이 쌓여 아동 문학을 읽게 되면 본격적으로 영어책을 읽는다고 자신 있게 말할 수 있는 시기가 됩니다. 아이가 아동문학에서 인문고전까지 다양하게 읽으면서 성장하도록 마음속에 '참을 인' 자를 꾸준히 새기면서 읽혀야만 영어책을 열심히 읽힌 결과를 받을 수 있습니다. 하지만 아이는 엄마의 손에 끌려 대형 어학원으로 옮겼고 3년이 지나 아이가 중학교에 입학하자 학부모는 다시 저를 찾아왔습니다. 학부모는 아이가 대형 어학원 레벨테스트에서 점수가 나오지 않아 들어갈 수 없다는 하소연을 하였습니다. 아이는 평소 매우 성실하여 수업도 열심히 따라오며 해당 어학원에서 가장 높은 반에서 수업을 진행했지만, 중학교에 진학하기 전에 진행된 레벨테스트에서는 원하는 결과를 얻지 못했습니다. 특히 모든 영어 시험은 지문을 읽고 이해하여 답을 찾도록 진행되기 때문에 영어 읽기 실력이 매우 중요하지만, 아이는 충분히 영어책을 읽지 못하여 영어 읽기에 익숙해지지 않아 복잡한 문형과 어려운 단어가 나오는 지문을 소화하지 못하였던 것입니다.

학원은 결국 영업을 해야 하는 영리 기관입니다. 최고의 영업인 입소문을 내기 위하여 아이들의 영어 실력을 향상하기 위하여 최선을 다합니다. 그리고 일대일 수업이 아닌 강의식 수업을 하는 학원들은 영업을 위하여 상위권 학생들을 특별히 관리합니다. 모르는 사람들

은 최상위권 학생들을 보며 우리 아이도 그렇게 잘할 수 있게 될 것
이라는 막연한 기대감으로 아이들을 등록시키는 학부모도 많습니다.
이들에 대하여 '학원 전기세를 내주러 다닌다.'라는 농담을 하기도 합
니다. 저는 학부모에게 학원 선생님과 상담을 꼭 받도록 권장합니다.
그래야 가르치는 사람도 긴장하고, 아이도 긴장합니다. 아이 교육에
있어 결코 믿을 수 있는 사람은 마지막까지 내 아이를 책임져야 하는
학부모 외에는 없다는 사실을 기억하고 학원에 보내야 합니다.

대치동 학원에 다니는 아이들은
왜 영어를 잘할까요?

얼마 전, 중학교 3학년인 학생과 학부모가 찾아왔습니다. 학부모와 아이는 특목고 진학을 희망하였고, 진학 후 진행될 영어 쓰기 수업을 준비하기 위하여 찾아왔습니다. 아이를 보자마자 느껴지는 모범생 분위기에 많은 기대를 하며 레벨테스트를 진행하였습니다. 아이는 초등학교에 진학하기 전부터 영어 학원을 꾸준히 다녔고, 현재 내신 성적을 향상해주는 것으로 유명한 영어 학원에서 가장 높은 반에서 수업을 들었습니다. 하지만 레벨테스트 결과는 안타까웠습니다. 아이가 목표하는 고등학교에 진학할 수준이 아니었습니다. 영어책을 읽고, 영어로 요약과 생각을 말하고 쓰는 것을 아예 하지 못하였습니다. 책을 꾸준히 읽는 아이들 기준으로 초등학교 2학년이면 읽는 얇은 아동문학도 읽어 내려가는 데 상당한 시간이 소요되었습니다. 결과를 보고 아이에게 남은 기간 어떻게 영어공부를 해야 하는지에 대하여 설명해주고 집으로 돌려보냈습니다. 되돌아가는 아이의 뒷모습을 보니 마음이 착잡해졌습니다. 아이는 학원 선생님이 하라는 대로, 엄마가 보내는 대로, 열심히 학원에 다니면서 주어진 과제를 성실하게 수행해나갔지만, 투자한 시간에 대비하여 영어 실력이 현저히 낮았습니다. 아이가 지망하는 고등학교에 입학한다고 하더라도, 아이는 하위권을 깔아줄 실력밖에 되지 않았습니다.

상담하면서 꼭 학부모에게 대치동에서 레벨테스트를 한번 보고 오라고 조언합니다. 대치동에서 레벨테스트도 보고, 상담도 받으며 분위기를 살피면서 상위권 아이들의 환경을 냉정하게 받아들이는 것이 정말 중요합니다. 우리는 우리가 생활하는 공간과 시간 속에서 우물 안 개구리가 됩니다. 자신이 속한 동네에서 1등을 한다면 당연히 다른 동네에서도 잘할 수 있다는 안일한 생각을 합니다. 제가 목동에서 아이들을 가르칠 당시, 한 학부모와 일상적인 대화를 나누게 되었습니다. 학부모는 제게 아이가 초등학교 3학년이 되어 대치동으로 이사를 할 계획이라 대치동에서 레벨테스트를 진행하였지만, 간신히 학원에 들어갈 수 있었다며 약간 씁쓸한 미소를 지으셨습니다. 저는 탁

월한 아이였기에 놀란 눈빛으로 학부모를 바라보자, 학부모는 제게 목동에서 아무리 잘한다고 하더라도 대치동과 비교하기는 어렵다고 설명해주었습니다.

제가 강남에서 아이들을 가르치면서 강남 아이들이 높은 학업 수준을 자랑하는 이유를 알게 되었습니다. 아이들의 학습량과 기준이 비학군지 아이들보다 현저히 높았습니다. 비학군지 학부모 중 강남에서는 학원비를 많이 쓰니까 당연히 영어를 잘한다고 믿는 학부모가 종종 있습니다. 하지만 모든 강남 학부모가 아이의 영어 사교육에 막대한 비용을 투자하지 않습니다. 하지만 비학군지에 대비하여 훨씬 더 많은 시간을 영어에 투자합니다. 영어 노출 시간, 영어를 직접 사용해보는 시간을 훨씬 더 많이 제공하기에 비학군지에 비교하면 더 잘할 수밖에 없습니다. 결국, 축적된 노출량이 현저히 다르기에 더 잘하는 것입니다.

아이들은 성장하면서 더 큰 세상으로 나아가게 됩니다. 초등학교에 다닐 때는 걸어서 등교할 수 있는 거리의 아이들만 만나게 됩니다. 중학교에 진학하면 더 넓은 범위의 동네 친구들을 만나게 됩니다. 그리고 고등학교를 지나 대학교에 진학하면 전국각지에서 온 또래들을 만나게 됩니다. 그렇기에 아이들이 성장하면서 경험하게 될 경쟁은 더 치열해집니다. 자신이 다니던 학교에서 공부 좀 했던 아이들이 한 공간에 모이게 되니, 좌절을 경험하기도 합니다. 자녀 교육을 할 때, 이 점을 기억해야만 합니다. 현재 아이가 속한 학교에서 1등을 하고, 선생님께 칭찬을 받는 것도 중요하지만 진짜 경쟁자가 누구인지를 알고 더 큰 세상을 바라보도록 도와야 합니다. 어쩌면 어떤 환경에서 성장하느냐에 따라 노력의 기준점이 다릅니다. 그렇기에 우리 동네에서, 아이가 다니는 학원에서, 학교에서 잘한다는 것만으로 결코 안심하면 안 됩니다.

영어 학원 보내는 학부모들, 자기 위안하면 안 됩니다

아이들을 학원에서 영어공부를 하도록 할 때 빠지기 쉬운 함정이 있습니다. 매주 일정한 횟수로 꾸준히 영어 학원에 다니면서 단어와 문법 공부를 열심히 하면 영어 실력이 완성된다고 믿습니다. 앞에서도 누차 언급했지만, 영어를 완성하기 위하여 단순히 단어를 암기하고 문법을 기억하는 것보다 언어는 시간과 장소, 상황에 따라 살아 움직이기에 이러한 메커니즘을 이해해야만 실력 향상으로 한 걸음 나아가게 됩니다. 영어공부는 상황에 알맞은 영어 문장을 이해하고 다양하게 활용하여 자신도 만들어봐야 합니다. 보낼 때 주의해야 하는 점은 학원에서 강의를 듣기 위해 앉아있는 시간과 주어진 숙제와 시험을 치르기 위한 공부로는 영어를 잘할 수 없다는 사실입니다. 이런 행동들은 실질적으로 영어 실력이 쌓이지 않고 낭비되는 시간이지만, 학부모에게도 아이에게도 영어 실력을 향상하기 위한 '노력' 또는 '학습'을 하고 있다고 착각하게 만듭니다.

레벨테스트를 진행할 때, 제일 어려운 학부모가 바로 영어 학원을 꾸준히 보낸 학부모입니다. 사실 영어 학원을 꾸준히 주 2회, 또는 주 3회를 보냈다고 아이의 영어 실력은 향상되지 않습니다. 대부분 아이는 영어 시험을 치르기 위한 연습은 많이 하였지만, 실제로 영어를 읽고 생각을 글과 말로 표현하는 연습은 전혀 되어있지 않기에 학원에서 보낸 시간과 쓴 돈에 비해 학부모가 예상한 결과가 나오지 않습니다. 얼마 전, 다른 본원의 부원장님께서 이렇게 푸념하셨습니다. 중학교 1학년생을 레벨테스트와 학습 상담을 진행하고 제게 물어보셨습니다. 학부모는 아이가 현재 다니는 학원에서 고등학교 모의고사를 풀며 해당 학원에서 최상위권을 유지한다고 설명하였지만, 실제 아이의 영어 실력은 아동문학을 읽지 못하였습니다. 아이는 영어로 말한마디도 하지 않으려고 하였고 영어 쓰기조차 거부하는 모습을 보였지만, 학부모는 아이가 영어를 상당히 잘한다고 믿기에 초등학교 1학년 때부터 주 2회씩 꼬박꼬박 영어 학원을 보냈다는 추가 설명과 함께 강한 자부심을 내비쳤다고 이야기하였습니다. 안타깝지만 학부모는 영어 학원을 주 2회씩 꾸준히 보내면서 우리 아이가 영어공부를 열심히 하고 있으니 당연히 잘할 거라는 막연한 위안을 하였던 것이었습니다.

문법과 단어 공부를 추천하지 않는 가장 큰 이유는 바로 자기 위안의 역할을 하기 때문입니다. 단순히 학원 시험에서 다 맞았기에, 혹은 단어 시험을 통과했기에, 아이들도, 학부모들도 영어공부를 열심히 했다는 위안을 얻게 됩니다. 당장 눈에 보이는 점수가 존재하지 않는 영어책 읽기보다 학원에서 주는 숙제를 완성하고 시험을 통하여 얻은 점수와 학원 단계는 문법과 단어에 더 의존하게 만듭니다. 문법을 한다고, 단어를 많이 외운다고, 영어가 완성되지 않습니다. 제가 직접 영어책을 읽고 수업을 진행하면서 깨달은 사실은 영어를 자유롭게 구사하기 위한 목표에 효율적으로 도달하려면 영어를 직접 활용하는 일정량의 시간이 필요합니다. 하지만 문법과 단어로만 목표에 도달하기 위해서는 많은 시간과 노력이 필요합니다. 초등학교 저학년이 즐겨 읽는 Magic Tree House(마법의 시간 여행) 시리즈의 첫 책인 Dinosaurs Before Dark(높이 날아라, 프테라노돈!)를 완독하면 아이는 2만 개 이상의 영어 단어에 노출됩니다. 영어책 완독을 위하여 필요한 시간은 40분이지만, 40분 동안 문법이나 단어 공부를 하여 2만 단어를 보기는 어렵습니다.

아이의 영어 실력을 판단할 때, 가장 중요한 것은 마음의 위안이 아닌 결과로 나올 아이의 진짜 영어 실력이라는 사실을 기억해야만 합니다. 아무리 초등 1학년부터 주 2회, 꾸준히 영어 수업을 듣는다고 하더라도 쌓이지 않는 영어는 아이가 결정적으로 영어로 결과를 내야 하는 수능이나 실전에서 후회할 수 있습니다. 이제 시대가 바뀌었습니다. 일제 잔재로 남아 있는 문법과 단어, 주입식 영어공부에서 벗어나 아이의 실력에 실질적으로 도움을 주는 교육을 해야 합니다.

많이 외우고 많이 잊어버리기를
반복하면 할수록 잘합니다

상담하다 보면 학부모 중에서 한숨 섞인 소리로 이런 이야기를 합니다.

"아이가 어제 영어공부를 하며 'go'의 과거가 'went'라고 외웠는데, 오늘 또 틀렸어요. 아이가 요즘 통 집중을 안 하는 거 같아요."

이런 고민을 들을 때마다 다시 질문하고 싶어집니다.

"어머니는 다 기억나시죠?"

아무리 쉬운 영어 단어라고 하더라도 반복적으로 공부해야만 기억할 수 있고, 막상 사용하려고 하면 기억이 안 날 수도 있습니다. 단어를 외우고 잊어버리기를 반복하면 할수록 영어 단어 외우는 실력이 늘어납니다. 처음 시작할 때는 많이 외운 단어가 1~2개 외에는 기억나지 않아 좌절감을 느낍니다. 그런데도 계속 외우고 잊어버리기를 반복하다 보면 어느새 기억할 수 있는 단어량이 점차 늘어납니다. 그렇게 외우고 잊어버리는 시기를 지내고 나면 단어를 쉽게 외울 수 있습니다. 그래서 꾸준히 공부할수록 운동과 마찬가지로 두뇌에도 영어 학습한 분량만큼 근육이 생겨 외우는 시간도 단축되고 학습량도 늘어납니다. 그렇기에 아이가 외운 단어를 금방 잊어버려도 실망할 필요가 없습니다. 상담하고 아이들과 이야기하다 보면 영어를 암기 과목이라고 생각하여 모든 내용을 다 외우고 기억해야만 한다는 잘못된 생각을 하는 학부모와 아이들이 많습니다. 하지만 언어는 모든 단어와 문법을 숙지하여야만 성장하지 않습니다. 처음에는 생각만큼 실력이 쑥쑥 늘어나지 않습니다. 오히려 시작단계에서는 더디더라도 시간을 공부하여 기본을 다지다 보면 어느 순간 실력이 향상합니다. 인간의 뇌는 한 번 본 것을 기억하도록 창조되지 않았기 때문에 아이들이 잊어버리는 것은 자연스럽습니다.

아무리 미국에서 오래 살다가 귀국하여도 영어를 사용하지 않으면 금방 잊어버립니다. 외국계 연예인인 한 연예인이 종종 자신이 호주인이지만 영어를 못하는 모습을 개그적 요소로 풀 때가 있습니다. 하지만 학원에서 2~3시간 수업을 듣는 것이 전부인 아이들에게 어제 배운 것을 기억하지 못한다고 야단치는 건 너무 억울한 상황이지 않을까 생각해봅니다.

아는 문장이 많을수록 문법은 쉬워집니다

　　지금의 학부모들이 영어 교육을 받던 그 시절에는 선생님이나 학부모, 학생 모두 단어와 문법이 매우 중요하다고 생각하였습니다. 지금과 같은 장단기 외국 유학이 활발하거나 국내에 거주하는 외국인이 많지 않았습니다. 또한, 매체가 제한되어 정보도 많지 않았습니다. 그동안 영어 학습방식에 관한 다양한 연구와 서적들이 쏟아져 나오고, 공부한 시간과 노력, 들어간 돈에 비해 미미한 효과에 반성도 많이 하였습니다. 하지만 그 당시 영어를 공부했던 학부모는 단어와 문법이 완성되면 영어 읽기는 별 어려움 없이 해낼 수 있다는 전반적인 사회적 인식에 따라 단어와 문법 공부에 집중하였지만 영어를 못하게 되면서 영어를 막연히 어렵다고 생각하게 되었습니다. 아직도 문법과 단어가 영어 향상을 위한 길이라고 믿는 현실은 학부모 상담을 통해 너무 쉽게 확인할 수 있었습니다. 또한, 이 믿음을 가지고 있는 학부모를 설득하는 건 어렵습니다. 자신이 평생 믿어왔기에 부정하기란 쉽지 않고 또 이해하기도 어려워합니다. 이들은 어떻게 단어와 문법을 따로 배우지 않고 영어를 잘할 수 있는지에 대한 강한 의문을 가집니다. 그러므로 영어 문법을 시작해야만 제대로 영어공부를 한다고 생각합니다. 저는 미국으로 유학을 하고 난 뒤, 문법 공부를 한국에서 하듯 해본 적이 없습니다. 고등학교 영어 수업에서 문법을 배우기는 하였지만, 한국 문법책처럼 복잡하지 않았습니다. 실제 유명한 언어학자인 크라센 박사가 자신의 저서 '읽기 혁명' 37~47쪽에서 '언어는 규칙이나 단어로 한꺼번에 가르치기에 너무 방대하고 복잡하다'라는 주장과 함께 '영문법은 도움이 안 된다'라는 말을 하였습니다. 그렇듯 언어를 단 하나의 규칙으로 정리하여 수만 개가 넘는 단어를 외워 실력을 향상한다는 생각은 평생 영어공부만 하고 제대로 된 영어를 구사할 수 없게 만듭니다. 어느 미국인이 텔레비전에 나와 "한국의 영어 문법은 수학 공식 같아 왜 배워야 하는지 자신도 이해하지 못한다."라고 말하는 모습을 인상 깊게 보았습니다.

얼마 전, 학생에게 문법을 설명해주다 "왕래발착 동사"라는 단어를 마주하게 되었습니다. 왕래발착은 한자어로써 '왕래'는 '가고 오다'이고 '발착'은 '출발과 도착'을 뜻하는 것으로 '왕래발착 동사'는 문장 속에서 이러한 의미를 규정짓는 동사를 말합니다. '왕래발착'이라는 용어 자체도 일상생활에서 전혀 사용되지 않고 생소할 뿐 아니라 실제 문장에서 왕래발착 동사인지를 따지며 문장을 이해하려고 할 때는 더 복잡해집니다. 실제 영어를 가르치다 보면 왕래발착 동사가 무엇인지 알지 못한다고 하여 영어를 못하는 것도, 왕래발착 동사 관련 문제를 틀리는 것도 아닙니다. 어려운 문법 용어 자체를 공부하는데 들어간 시간은 영어 실력에 도움이 되지 않습니다. 영어책을 많이 읽거나 다양한 방법으로 영어에 노출되어, 영어를 구사하기에 충분한 문장들을 익힌 상태라면 어려운 문법 용어를 힘들게 배우지 않더라도 문법 문제를 풀고 영어를 자유롭게 구사할 수 있습니다. 저는 문법 공부를 해야 할 시기를 중등 때 한국어 문법과 함께 시작하기를 추천합니다. 초등학교 시절에는 영어책을 최대한 많이 읽고 다양한 독후활동으로 구사할 수 있는 문장을 많이 익혀 자연스럽게 문법 공부의 기초를 다지기를 더 추천합니다.

문법을 생각할 때, 모국어를 빗대어 고민하면 조금 쉽습니다. 한국에서 살면서 아무리 유창하게 한국어를 구사한다고 하더라도 정확한 문법을 매번 생각하며 사용하지 않습니다. 뇌를 거치지 않고 나오는 일도 있습니다. 생각이 바로 언어가 되는 것입니다. 그렇게 다양하고 폭넓은 독서와 지속적인 글쓰기를 통하여 한국어를 탄탄하게 잡으면, 중학교에 진학하여 문법을 배웁니다. 하지만 이때 어떤 학부모도 국어 문법을 언제 시작하는지에 대한 고민이나 걱정도 하지 않습니다. 영어는 문법을 해야만 실력을 향상할 수 있다고 믿지만, 국어는 따로 문법을 하지 않아도 큰 걱정을 하지 않습니다.

아이가 영어에서 구멍이 보인다면 문법과 단어가 부족했기보다 독서량이 부족하여 영어 문장을 많이 접하지 못했기 때문입니다. 만약 아이가 현재 문법과 단어 위주의 수업을 따라가기 어려워한다면 오히려 많은 문장을 익힐 수 있는 시간을 늘려주어야 합니다.

결국은 문해력입니다

우리가 교육을 받는 이유는 평생을 살아가면서 사용하게 될 다양한 도구를 사용하는 방법을 익히기 위함입니다. 영어 역시 그 도구 중 하나입니다. 지금까지 영어 학습에 필요한 단어와 문법, 독해 등에 많은 이야기를 하였지만, 사실 이 모든 것을 아우른 단 하나는 바로 문해력입니다. 즉 문장을 읽고 이해할 수 있는 능력입니다. 이 문해력은 영어공부뿐만 아니라 다른 공부에도 직간접적으로 많은 영향을 미치므로 매우 중요합니다. 한국어로 된 문장이어도 다 이해하지 못하는 경우가 많은데, 영어로 된 문장을 읽고 이해하기는 훨씬 더 어렵습니다. 그렇다면 우리는 이 중요한 문해력을 어떻게 키워야 할까요?

제가 오랜 시간 지켜본 아이가 있었습니다. 아이의 어머니는 필요할 때, 등록하였다가 그만둘 때는 연락 두절이 되었습니다. 하지만 교육에 관심이 많아 아이가 어릴 때부터 영어유치원에서부터 다양한 사교육을 시켰습니다. 아이가 초등학교 5학년이 되자, 아이 교육의 방향성을 완전히 잃어버렸습니다. 기본적으로 논술학원, 영어 문법 학원, 수학학원에 다니면서 주말에는 사회와 과학 교과서를 이해하도록 돕기 위하여 개인 과외를 시켰습니다. 저는 학부모와 상담한 뒤, 요즘 아이들이 학원 다니느라 바쁘다는 말을 이해할 수 있었습니다. 아이는 교과서조차 스스로 읽고 제대로 이해하지 못하여 개인 과외를 진행하였습니다. 학원 일정으로 빽빽하게 채워진 시간표를 따라 학원에서 주는 숙제를 끝내기에 급급한 공부를 하며 학습주도권을 잃어버렸습니다. 문해력이 부족하여 생기는 문제들을 오직 더 많은 학원과 과외를 통하여 해결하려고 하면서 아이는 학업 스트레스만 커지게 되었습니다.

문해력은 학원에서 단기간에 키울 수 없습니다. 어릴 때부터 다양한 경험과 폭넓은 독서를 하며 가족이나 친구들과 생각과 감정을 나누는 대화와 놀이를 통하여 사고력이 향상됩니다. 사고력이 형성되면 문장을 읽고 이해하는 능력은 발달하며 범위도 넓어집니다. 학원에만 의존하지 않고 앞서 말한 다양한 형태로 아이들의 경험과 상상력을 바탕으로 다양한 책을 읽도록 도와준다면 문해력을 키우기에 큰 도움이 됩니다. 예를 들어, 동물원이나 식물원에 직접 방문한 아이들은 그렇지 못한 아이들보다 관련 서적을 읽을 때 문장을 더 잘 이해할 수 있습니다. 또한, 학부모와 사랑이나 미움과 같은 추상적인 주제로 많은 대화를 한 아이들은 관련 서적을 읽을 때, 다른 아이들보다 더 잘 이해할 수 있습니다. 평소 책을 많이 읽는 아이들은 책 속에 나오는 단어나 문장에 익숙해져 그 의미도 잘 파악합니다. 결국, 다채로운 문장들은 책 속에 있다는 사실을 기억해야 합니다. 이렇게 사고력과 문해력을 키워주어야 하지만 학원에만 열심히 다니면서 주어진 요약본을 외우고 점수에만 신경 쓰다 보면 잘할 수 있다고 기대하는 학부모들을 보면 정말 안타깝습니다.

상담하다 보면 제일 안타까운 경우가 한국어를 충분히 읽지 않아 영어뿐만 아니라 학업 전반적인 체계가 무너진 상태입니다. 교육수단이 발달하고 정보가 다양해지면서 오히려 교육의 기본기에 대한 중요성보다 쉽고 빠르게 고득점을 얻는 요령에 집중하는 모습을 볼 수 있습니다. 유치원이나 초등 때는 학습이 어렵지 않기에 조금만 신경을 쓰고 가르치면 아이는 '영재가 아닌가?' 싶을 정도의 성과를 보여줍니다. 하지만 본격적으로 학습이 시작되는 시간인 중고등부터는 기본기에 집중한 아이와 요령에 집중한 아이의 실력 차이는 따라 잡기 어려울 정도로 벌어집니다. 기본기가 탄탄한 아이들은 응용하며 날개를 펼치지만, 기본기가 되어있지 않는 아이들은 좌절을 경험하게 됩니다. 이때, 아이들의 학습 기본기를 탄탄하게 잡기 위하여 문해력은 꼭 필요합니다. 그리고 여기서 말하는 문해력은 논술학원 수업으로 진행되는 책만 읽는 것으로 부족합니다. 매일 책 한 권을 읽는 정도의 독서량으로 키울 수 없습니다. 정말 독서의 즐거움에 빠져 정독과 다독을 통하여 자신의 사고 체계를 세울 수 있는 정도의 독서량이라야 합니다. 아이들이 정답을 찾기 위한 독서를 하는 것이 아니라 다양한 고전과 인문학 서적을 읽고 생각을 정리하여 부모님이나 선생님, 친구들과 나눌 수 있는 정도라야 사교육을 이기는 문해력을 키웠다고 말할 수 있습니다.

이처럼 문해력은 문장을 읽고 이해하는 능력으로써 학습의 시작이자 마지막입니다. 단순히 단어나 문법, 단문 독해로는 갖추기 어려운 능력입니다. 꾸준히 사고력을 키우고, 그 사고력이 바탕이 되어야 가능합니다. 갈수록 세계는 좁아지고 더 다양한 지식과 정보가 밀려옵니다. 세계 속의 넘치는 지식과 정보를 제대로 받아들이기 위하여 영어 실력, 특히 문해력을 키워야만 합니다. 영어책을 읽고 생각하여 표현하는 연습을 통하여 세계로 뻗어 나가는 글로벌 인재로서의 역량을 함께 기워야 합니다. 영어 문해력이 향상될 때, 당장 눈앞에 있는 시험뿐 아니라 아이가 성장하면서 습득해야만 하는 다양한 지식과 영어에 대한 자신감을 얻게 됩니다.

무엇보다 독서를 통해 문해력을 키우지 않으면 장차 사회생활 과정에서 부딪히게 될 문제를 풀어나가는데, 어려움을 느낄 수 있습니다. 회사나 공직 등 대부분 직장에서 업무를 처리하기 위해서는 문서를 읽고 이해해야만 가능합니다. 문학과 인문고전을 읽으며 건강한 정체성을 성립하는 일은 초등 때 영어 시험에서 백 점을 받는 것보다 더 큰 가치가 있습니다. 아이가 독서를 통하여 가지게 될 자기 확신은 장차 어떤 일이 일어날지 예측할 수 없는 대학입시 준비보다 아이를 학업적으로나, 정서적으로나 더 단단한 아이로 성장하게 이끌어 줄 것입니다.

에필로그

제가 아기를 낳으면서 영어를 가르치는 한 사람으로서 매우 마음이 불편하였습니다. 한국에서 태어나 성장하려면 영어와 끝이 없는 싸움을 해야 하는 기분이 들었습니다.

저 역시 영어와 20년이 넘는 싸움을 해왔습니다. 영어와 싸우며 알게 된 사실은 영어로 가는 길은 매우 쉽고 단순하지만 아무도 시도하지 않는다는 것입니다. 꾸준히, 지속하여 영어책을 읽고 독후감을 쓰면 됩니다. 단어와 문법에 얽매이지 않고 영어를 있는 그대로 이해하고 생각을 영어로 표현하는 연습을 꾸준히 계속해야 합니다. 영어는

언어이기에 하나의 정답에 맞추는 것도, 정확하게 잘한다는 하나의
기준이 존재하는 것도 아닙니다. 영어를 잘하기 위해서는 꾸준한 영
어책 읽기가 필요합니다. 처음에는 기대에 미치는 효과 없이 허공에
사라지는 노력처럼 느껴지지만, 임계치에 도달하는 순간 모든 노력
이 헛되지 않았다는 사실을 알게 됩니다.

　흘러넘치는 정보에 휩쓸려 영어의 본질을 놓치지 않기를 바랍니다.
오히려 쉽고 단순하게 본질을 바라본다면 답은 금방 찾을 수 있습니
다. 영어, 한국어를 하는 만큼 쉬울 수 있습니다. 너무 어렵게 생각하
여 샛길로 돌아가지 맙시다.